学习

Eureka Math®
2年级
模块6和7

Great Minds PBC is the creator of Eureka Math®,
Wit & Wisdom®, Alexandria Plan™, and PhD Science™.

Published by Great Minds PBC. greatminds.org

Copyright © 2020 Great Minds PBC. All rights reserved. No part of this work may be reproduced or used in any form or by any means—graphic, electronic, or mechanical, including photocopying or information storage and retrieval systems—without written permission from the copyright holder.

ISBN 978-1-64929-255-1

1 2 3 4 5 6 7 8 9 10 XXX 25 24 23 22 21 20

Printed in the USA

学习•练习•成功

Eureka Math® 的学生教材 *A Story of Units*® (幼儿园到 5 年级) 可以在学习、练习、成功三合一课程中取得。本系列支持差异学习和辅导，同时保持学生教材条理清晰且易于使用。教育人员会发现学习、练习和成功系列还具备连贯性的介入响应模式 (Response to Intervention / RTI)，因此学习更有效率，并提供额外练习和夏季学习资源。

学习

Eureka Math 学习可作为学生的课堂伙伴，帮助其展示自己的想法、分享他们知道的内容、看着他们每天累积知识。学习通过容易存放和浏览的书册集合了每日的课堂作业——应用题、课堂反馈条、习题集和模版。

练习

每堂 *Eureka Math* 课程从一系列充满活力、欢乐的熟练度活动开始进行，包括 *Eureka Math* 练习的内容。精通数学的学生可以更深入地掌握更多教材。通过练习，学生将掌握新习得的技能，并加强以前的学习，为下一堂课做准备。

学习和练习一起提供学生用于核心数学教学所需的所有印刷教材。

成功

Eureka Math 成功让学生可以独立学习并精通内容。每一课的额外习题集都与课堂的教学一致，因此非常适合当作家庭作业或额外练习。每个习题集都伴随一个家庭作业助手，它是一组说明如何解决类似问题的练习例题。

老师和导师可以使用前一年级的成功课本作为课程一致性的工具，以填补基础知识的落差。随着熟悉的模型加强与当前年级内容的联系，学生将蓬勃发展，并更快地进步。

学生、家庭和教育人员：

谢谢您加入 *Eureka Math*® 社区，我们在此赞扬数学带来的乐趣、美好和震撼。

通过丰富的经验和对话，新的学习会在 *Eureka Math* 的课堂中获得启发。学习课本将学生所需的提示和习题顺序交到他们的手中，以展现并巩固他们在课堂里的学习。

学习课本里有什么内容？

应用题： 解决现实世界中的问题是 *Eureka Math* 日常教学的一部分。学生在各种全新的情况下运用他们的知识，可建立信心和毅力。本课程鼓励学生使用 RDW 流程——阅读习题，画图以理解问题，并写出算式和解题方法。当学生分享他们的作业并互相解释他们的解题策略时，教师会提供帮助。

习题集： 精心安排的习题集让学生有机会能在课堂上进行独立作业，并提供多种不同的切入点。老师可以使用"准备和定制"流程为每个学生选择"必做"的题目。某些学生会比其他人完成更多题目；重要的是，通过老师稍微的提点，所有学生都有 10 分钟的时间立即练习所学内容。

学生通过习题集达到每堂课的高峰点——学生汇报。在此学生会与同学和老师进行思考，说明并强化他们当天有疑问、注意到和学习到的东西。

课堂反馈条： 学生通过每日的课堂反馈条向老师展示他们的知识。这项理解程度的检查为老师提供了当天教学成果的珍贵实时证据，进而为下一次的教学重点提供重要的见解。

模板： 有时，"应用题"、"习题集"或其他课堂活动要求学生拥有自己的图片副本、可重复使用的模型或数据集。所有这些模板会在需要用到的第一堂课提供。

在哪里可以了解更多 Eureka Math 的资源？

Great Minds® 团队致力于通过不断扩充的资源库为学生、家庭和教育人员提供支持，请访问：eureka-math.org。该网站还在 Eureka Math 社区提供了一些令人振奋的成功案例。通过成为 *Eureka Math* 优胜者与其他用户分享您的见解和成就。

祝福您一整年都充满着灵光乍现的时刻！

Jill Diniz

吉尔·迪尼兹（Jill Diniz）
数学总监
Great Minds

读–画–写流程

Eureka Math 课程让老师通过简单且可重复的教学流程支持学生解决问题。读–画–写（RDW）流程要求学生

1. 阅读习题。
2. 画图与标记。
3. 写出算式。
4. 写出句子（陈述）。

本课程鼓励教育人员加入以下问题来加强教学流程，例如：

- 你看到了什么？
- 你能画点东西吗？
- 你可以从图画中得出什么结论？

通过这种系统性与开放性的方法，学生参与习题推理的程度越深，他们就越能将思考过程消化吸收，并且在未来更能直觉性地应用这些技能。

内容

模块6：乘法和除法基础

主题A：等组的形成

第 1 课 3

第 2 课 9

第 3 课 15

第 4 课 21

主题B：阵列和等组

第 5 课 27

第 6 课 33

第 7 课 39

第 8 课 45

第 9 课 51

主题C：矩形阵列作为乘除法基础

第 10 课 55

第 11 课 61

第 12 课 67

第 13 课 73

第 14 课 79

第 15 课 85

第 16 课 91

主题D：偶数和奇数的含义

第 17 课 99

第 18 课 105

第 19 课 111

第 20 课 117

模块7：使用长度，金额和数据解题

主题A：使用分类数据解题

第 1 课 125

第 2 课 133

第 3 课 143

第 4 课 151

第 5 课 159

主题B：使用硬币和纸币解题

第 6 课 169

第 7 课 175

第 8 课 181

第 9 课 187

第 10 课 193

第 11 课 199

第 12 课 205

第 13 课 211

主题C：创建英寸标尺

第 14 课 217

第 15 课 223

主题D：使用常用和公制单位测量和估算长度

第 16 课 229

第 17 课 235

第 18 课 241

第 19 课 247

主题E：使用常用和公制单位解题

第 20 课 253

第 21 课 257

第 22 课 263

主题F：显示测量数据

第 23 课 271

第 24 课 277

第 25 课 283

第 26 课 289

2年级
模块6

朱莉莎有12个毛绒动物玩具。她想在她的3个篮子中的每一个都放入相同数量的动物玩具。

a. 画一幅画，说明她如何将动物玩具分成相等的3组。

b. 完成句子。

朱莉莎把_____个动物玩具放入每个篮子里。

姓名 _____ 日期 _____

1. 圈出两个苹果的组。

有 _____ 个两个苹果的组。

2. 圈出三个球的组。

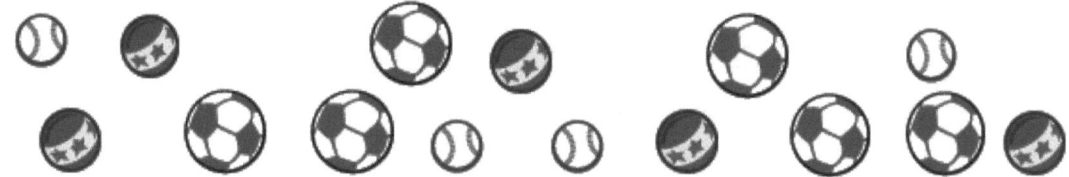

有 _____ 个三个球的组。

3. 将12个橙子重画为4个相等的组。

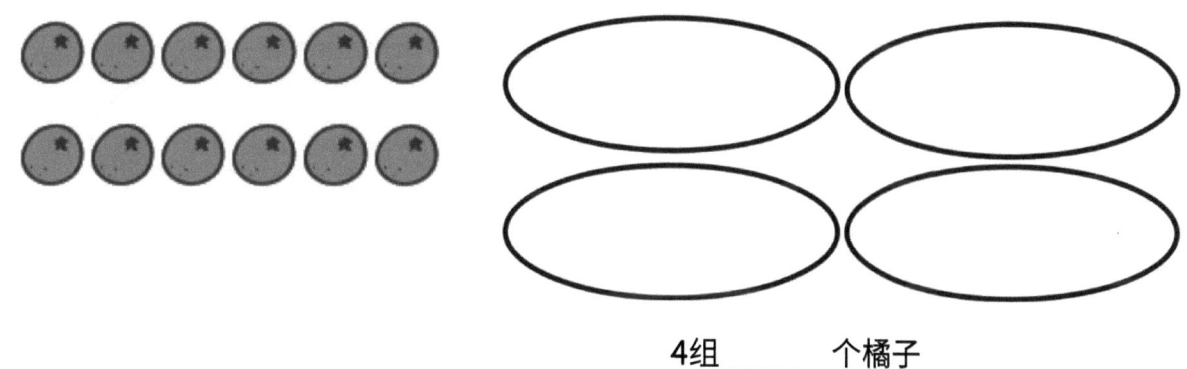

4组 _____ 个橘子

4. 将12个橙子重画成3个相等的组。

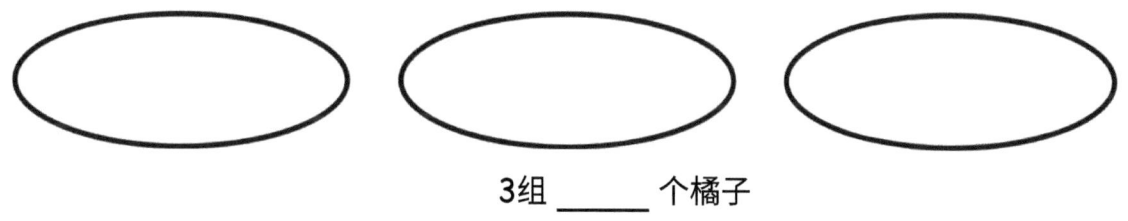

3组 _____ 个橘子

第1课: 使用操纵教具来创建相等的组。

5. 重画花朵，使3组中的每组具有相等的数字。

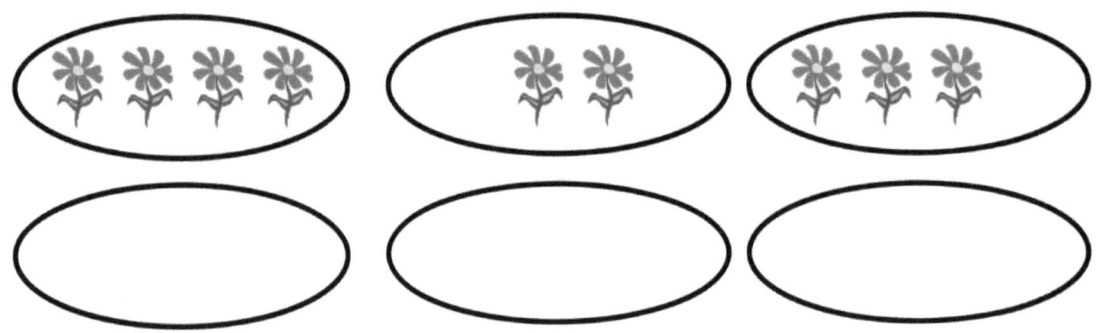

3组 _____ 朵花卉 = _____ 朵花卉。

6. 重画柠檬以得到2个相等大小的组。

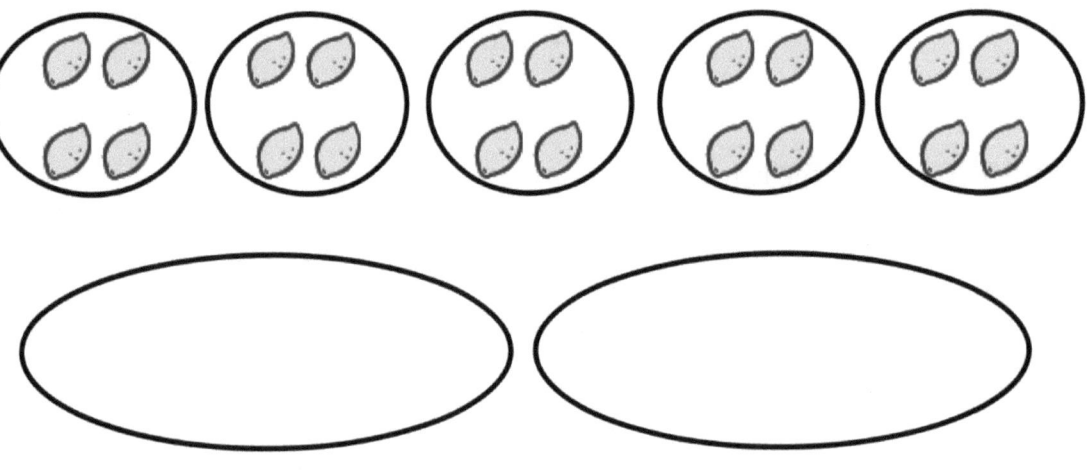

2组 _____ 个柠檬 = _____ 个柠檬。

姓名 _____ 日期 _____

1. 圈出4顶帽子的组。

2. 将笑脸重画成2个相等的组。

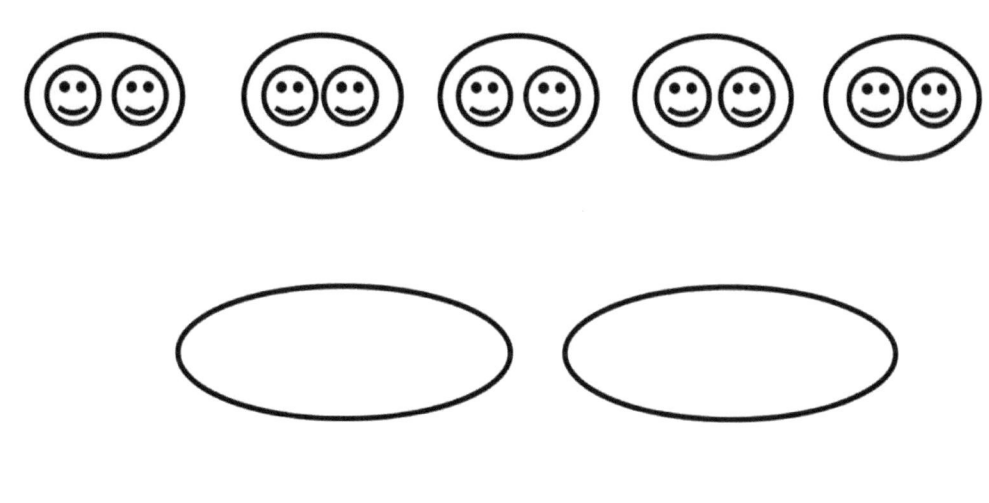

2组 _____ = _____ 。

梅拉按颜色对袜子进行分类。她有4只紫色袜子，4只黄色袜子，4只粉红色袜子和4只橙色袜子。

a. 绘制组的图形以显示梅拉如何对她的袜子进行分类。

b. 写一个重复加法方程式进行匹配。

c. 梅拉总共有几只袜子?

_____

_____

_____

姓名 _____ 日期 _____

1. 编写一个重复加法方程以显示每组中的对象数。然后，求出总数。

   a.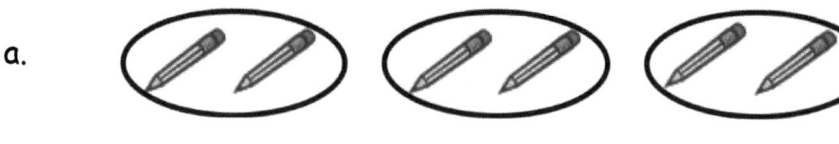

   ____ + ____ + ____ = ____

   3组 ____ = ____

   b.

   ____ + ____ + ____ + ____ = ____

   4组 ____ = ____

2. 再画1组四个。然后，写一个重复加法方程式进行匹配。

   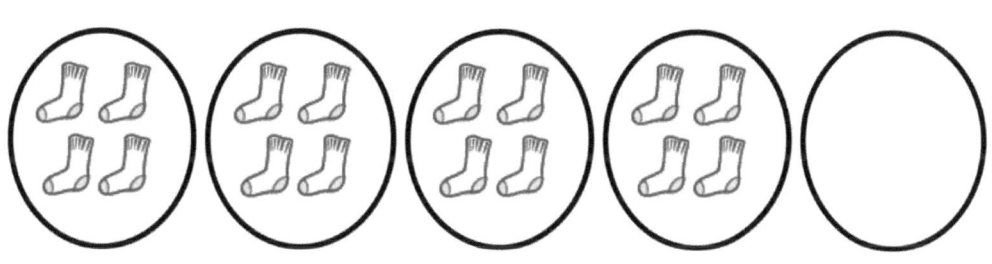

   ____ + ____ + ____ + ____ + ____ = ____

   5组 ____ = ____

3. 再画1组三个。然后，写一个重复加法方程式进行匹配。

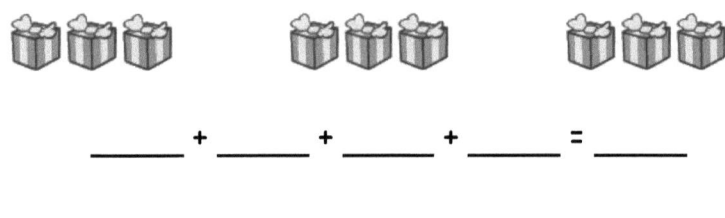

_____ + _____ + _____ + _____ = _____

_____ 组3个 = _____

4. 再画2个相等的组。然后，写一个重复加法方程式进行匹配。

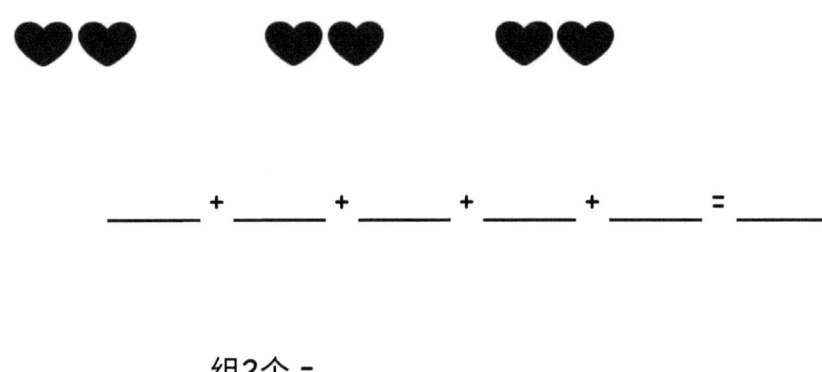

_____ + _____ + _____ + _____ + _____ = _____

_____ 组2个 = _____

5. 绘制3组5颗星。然后，写一个重复加法方程式进行匹配。

姓名 _____ 日期 _____

1. 再画1个相等的组。

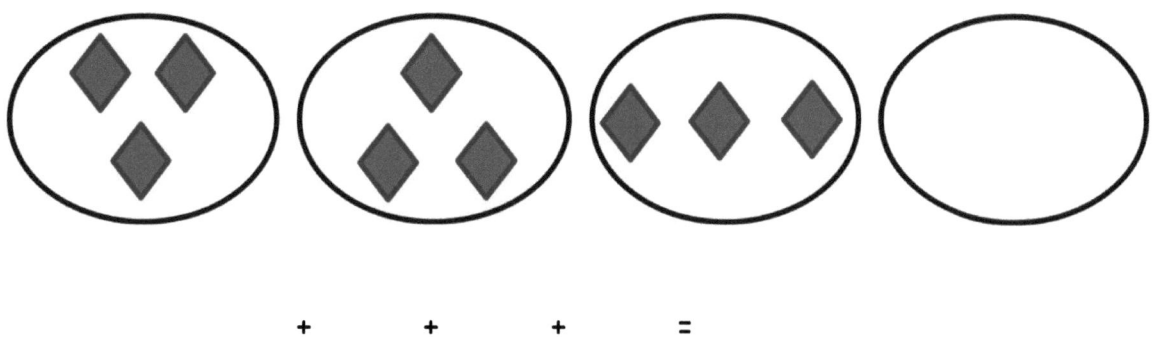

_____ + _____ + _____ + _____ = _____

4组 _____ = _____

2. 绘制2组3颗星。然后，写一个重复加法方程式进行匹配。

记号笔2支一包。如果杰西有6包记号笔,她总共有多少个记号笔?

a. 绘制组图以显示杰西的记号笔包数。

b. 编写一个重复加法方程以匹配你的图形。

c. 将加数成对分组，然后相加以求出总数。

姓名 _____ 日期 _____

1. 编写一个重复加法方程以匹配图片。然后,将加数成对分组以显示一种更有效的加法。

a.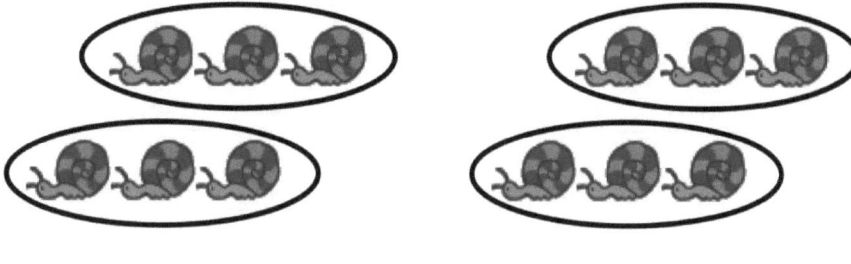

____ + ____ + ____ + ____ = ____

\\ / \\ /

_____ + _____ = _____

4组 ____ = 2组 ____

b.

____ + ____ + ____ + ____ = ____

____ + ____ = ____

4组 ____ = 2组 ____

c.

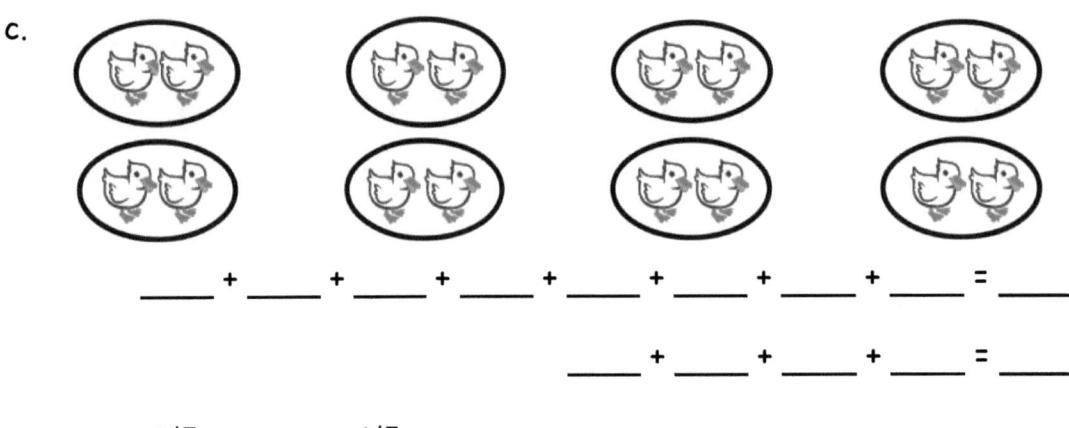

___ + ___ + ___ + ___ + ___ + ___ + ___ + ___ = ___

___ + ___ + ___ + ___ = ___

8组 _____ = 4组 _____

2. 编写一个重复加法方程以匹配图片。然后，将加数成对分组，然后相加以求出总数。

a.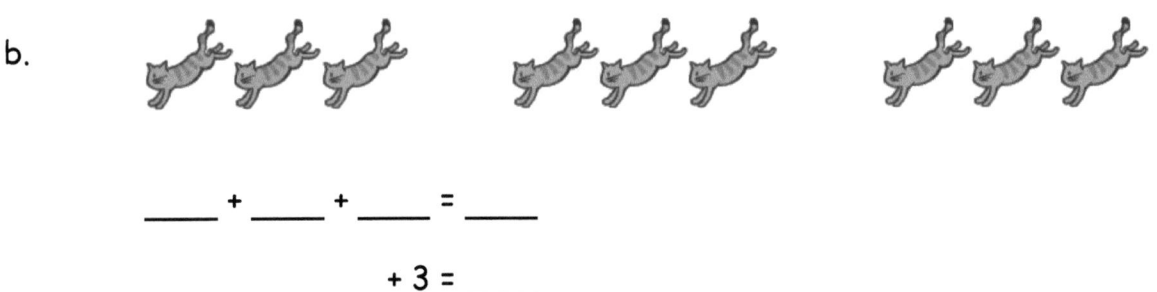

___ + ___ + ___ + ___ + ___ = ___

___ + ___ + 3 = ___

___ + 3 = ___

b.

___ + ___ + ___ = ___

___ + 3 = ___

姓名 _____ 日期 _____

编写一个重复加法方程以匹配图片。然后，将加数成对分组以显示一种更有效的加法。

_____ + _____ + _____ + _____ = _____

_____ + _____ = _____

4组 _____ = 2组 _____

R（仔细阅读习题。）

玛丽亚花园里的花朵在盛开。一共有3朵玫瑰，3朵金凤花，3朵向日葵，3朵雏菊和3朵郁金香。一共有几朵花？

a. 绘制一个带形图以匹配该题。

b. 写一个重复加法方程来求解。

W（写一个与故事匹配的陈述。）

_____

_____

_____

姓名 _____   日期 _____

1. 编写一个重复加法方程，以求出每个带形图的总数。

   a.

   ____ + ____ + ____ + ____ = ____

   4组2个 = ____

   b.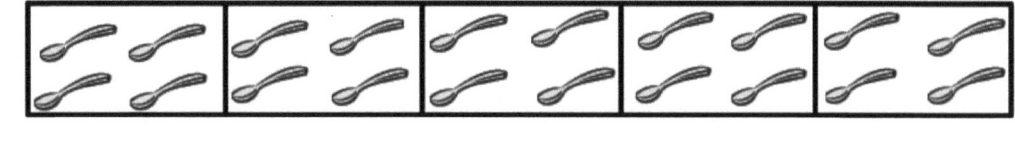

   ____ + ____ + ____ + ____ + ____ = ____

   5组 ____ = ____

   c. | 5 | 5 | 5 |

   ____ + ____ + ____ = ____

   3组 ____ = ____

   d. | 3 | 3 | 3 | 3 | 3 | 3 |

   ____ + ____ + ____ + ____ + ____ + ____ = ____

   ____ 组 ____ = ____

2. 绘制一个带形图以求出总数。

   a. 3 + 3 + 3 + 3 = _____

   b. 4 + 4 + 4 = _____

   c. 5组2个

   d. 4组4个

   e.

姓名 _____ 日期 _____

绘制一个带形图以求出总数。

1.

2. 3组3

3. 2 + 2 + 2 + 2 + 2

怀特太太在银行排队。有4个出纳窗口，每个窗口有3人排成一行。

a. 绘制一个阵列以显示在银行排队的人。

b. 写出总人数。

_____

_____

_____

姓名 _____   日期 _____

1. 圈四的组。然后,将三角形绘制成2个相等的行。

   _____

   _____

2. 圈出二的组。将二的组重新绘制为行,然后为列。

   _____

   _____

3. 圈出三的组。将三的组重新绘制为行,然后为列。

   _____

   _____

   _____

   _____

第 5 课： 从行和列组成阵列,然后计数以使用对象求出总数。

4. 按行和列从左到右计数阵列中的对象数。数数时，先圈出行，然后圈出列。

   a.

   b.

5. 将习题4中的圆圈和星星重新绘制为二的列。

6. 绘制一个包含15个三角形的阵列。

7. 显示带有15个三角形的不同阵列。

姓名 _____ 日期 _____

1. 圈出三的组。将三的组重新绘制为行,然后为列。

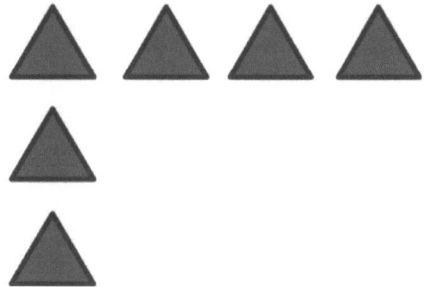

2. 通过绘制更多三角形来完成阵列。该阵列总共应有12个三角形。

第 5 课: 从行和列组成阵列,然后计数以使用对象求出总数。

山姆正在整理她的贺卡。她有8张红卡和8张蓝卡。她将红卡放在两列中，将蓝卡放在两列中以组成一个阵列。

a. 在阵列中绘制山姆的贺卡图片。

b. 写一个关于山姆阵列的陈述。

_____

_____

_____

单位的故事

第 6 课习题集 2•6

姓名 _____ 日期 _____

1. 完成描述每个阵列的每个缺失部分。

   圈出行。

   a.

   5行 _____ = _____

   ___ + ___ + ___ + ___ + ___ = ____

   圆出列。

   b.

   3列 _____ = _____

   ____ + ____ + ____ = ____

   圈出行。

   c.

   4行 _____ = _____

   ___ + ___ + ___ + ___ = ___

   圆出列。

   d.

   5列 _____ = _____

   ___ + ___ + ___ + ___ + ___ = ___

第 6 课: 将阵列分解为行和列, 并与重复加法相关联。

2. 使用三角形阵列以解答以下习题。

   a. _____ 行 _____ = 12

   b. _____ 列 _____ = 12

   c. _____ + _____ + _____ = _____

   d. 再增加1行。现在有几个三角形? _____

   e. 在你的2(d)中创建的新阵列中再增加1列。现在有几个三角形? _____

3. 使用正方形阵列解答以下习题。

   a. _____ + _____ + _____ + _____ + _____ = _____

   b. ____ 行 ____ = ____

   c. _____ 列 _____ =

   d. 删除1行。现在有多少个正方形? _____

   e. 从你在3(d)中创建的新阵列中删除1列。现在有多少个正方形? _____

姓名 _____ 日期 _____

使用阵列来解答以下习题。

a. _____ 行 _____ = _____

b. _____ 列 _____ = _____

c. _____ + _____ + _____ + _____ = _____

d. 再增加1行。现在有几颗星星？ _____

e. 在你的(d)中创建的新阵列中再增加1列。现在有几颗星星？ _____

R（仔细阅读习题。）

鲍比在他的厨房里铺设了3行瓷砖，以进行设计。他在每行铺设5块瓷砖。

a. 画一张鲍比的瓷砖图片。

b. 编写一个重复加法方程来求解 鲍比使用瓷砖的总数。

单位的故事

W（写一个与故事相符的陈述句。）

_____

_____

_____

姓名 _____ 日期 _____

1. a. 阵列的一行绘制如下。用X完成阵列以形成3行，每行4个。绘制水平线以分隔各行。

   X X X X

   b. 用X绘制3列每列4个的阵列。绘制垂直线以分隔各列。填空。

   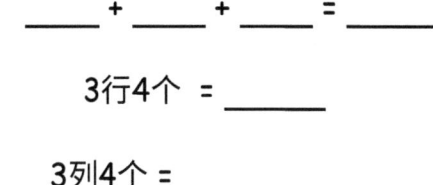

   3行4个 = _____

   3列4个 = _____

2. a. 使用5列每列3个绘制一个X阵列。

   b. 使用5行每行3个绘制一个X阵列。填写下面的空白。

   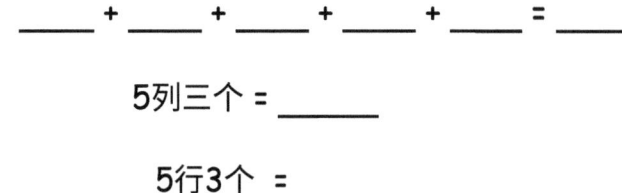

   5列三个 = _____

   5行3个 = _____

在以下习题中,用水平或垂直线分隔行或列。

3. 使用4行每行3个绘制一个X阵列。

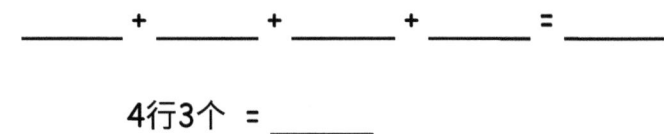

_____ + _____ + _____ + _____ = _____

4行3个 = _____

4. 绘制一个比习题3中每行3个的阵列多1列的X阵列。写一个重复加法方程以求出X的总数。

5. 绘制一个比习题4中每列5个的阵列少1列的X阵列。写一个重复加法方程以求出X的总数。

姓名 _____   日期 _____

使用水平或垂直线分隔行或列。

1. 使用3行每行5个绘制一个X阵列。

   ___ + ___ + ___ = ___

   3行5个 = _____

2. 绘制一个比上述阵列多1行的X阵列。编写一个重复加法方程以求出X的总数。

查理在他的房间里有16块积木。他想建造每座5块积木的相等塔楼。

a. 画一张查理的塔的图片。

b. 查理能制作多少座塔？

c. 查理还需要多少积木来制作5块积木的相等塔？

姓名 _____ 日期 _____

1. 用正方形创建一个阵列。

   _____

   _____

2. 用上面的集合创建一个正方形的阵列。

3. 使用正方形阵列解答以下习题。

   a. 每行有 _____ 个正方形。

   b. _____ + _____ = _____

   c. 每列有 _____ 个正方形。

   d. _____ + _____ + _____ + _____ + _____ = _____

第 8 课: 使用带有间隙的正方形瓷砖创建阵列。

4. 使用正方形阵列解答以下习题。

   a. 一行有 _____ 个正方形。

   b. 一列有 _____ 个正方形。

   c. ____ + ____ + ____ = ____

   d. 3列 _____ = _____ 行 _____ = _____总数

5. a. 绘制一个具有8个正方形的阵列，每列中有2个正方形。

   b. 编写一个重复加法方程以匹配阵列。

6. a. 绘制一个具有20个正方形的阵列，每列有4个正方形。

   b. 编写一个重复加法方程以匹配阵列。

   c. 绘制一个带形图以匹配你的重复加法方程和阵列。

姓名 _____ 日期 _____

1. 使用正方形阵列解答以下习题。

   a. 一行有 _____ 个正方形。

   b. 一列有 _____ 个正方形。

   c. ____ + ____ + ____ = ____

   d. 3列 _____ = _____ 行 _____ = _____总数

2. a. 绘制一个具有10个正方形的阵列，每列中有5个正方形。

   b. 编写一个重复加法方程以匹配阵列。

姓名 _____ 日期 _____

为每道文字题绘制一个阵列。编写一个重复加法方程以匹配每个阵列。

1. 杰森收集了一些石头。他将它们分成5行，每行3块石头。杰森总共有几块石头？

2. 艾比将椅子排成3行，每行4张椅子。艾比使用了多少把椅子？

3. 有3根电线，每根电线上有5只鸟。电线上总共有几只鸟？

4. 亨利的房子有2层。每层都有4扇窗户面对街道。面对街道有几扇窗户？

第9课： 求解在行和列中添加相等组的文字题。

为每道文字题绘制一张带形图。写一个重复加法方程以匹配每个带形图。

5. 玛丽亚的4个朋友每个都有5支记号笔。玛丽亚的朋友总共有几支记号笔?

6. 玛丽亚也有5支记号笔。玛丽亚和她的朋友总共有几支记号笔?

绘制一个带形图和一个阵列。然后,写一个重复加法方程式进行匹配。

7. 在纸牌游戏中,3名玩家每人获得4张牌。又有一位玩家加入游戏。现在应该总共发多少张纸牌?

姓名 _____ 日期 _____

为每道文字题绘制一个带形图或一个阵列。然后,写一个重复加法方程式进行匹配。

1. 约书亚在工作中每小时清洗3辆汽车。他在星期六工作了4个小时。约书亚在星期六清洗了几辆车?

2. 奥利维亚在她的贴纸相册的每一页上放入了5张贴纸。她用贴纸填满了5页。奥利维亚使用了多少贴纸?

第9课: 求解在行和列中添加相等组的文字题。

R（仔细阅读习题。）

桑迪的玩具电话的按钮按3列4行排列。

a. 画一张桑迪电话的图片。

b. 编写一个重复加法方程以显示桑迪电话上按钮的总数。

W（写一个与故事相符的陈述。）

姓名 _____　　　　日期 _____

使用方块构造以下没有间隙或重叠的矩形。编写一个重复加法方程以匹配每个构造。

1. a. 构造一个2行每行3块的矩形。

   _____

   b. 构造一个2列每列3块的矩形。

   _____

2. a. 构造一个5行每行2块的矩形。

   _____

   b. 构造一个5列每列2块的矩形。

   _____

3. a. 构造一个由9个图块组成的矩形，该矩形具有相等的行和列。

   _____

   b. 构造一个由16个图块组成的矩形，该矩形具有相等的行和列。

   _____

4. a. 下面的阵列是什么形状？_____

   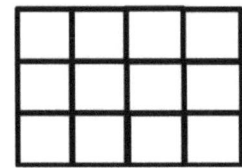

   b. 在下面的空白处删除一列重新绘制以上形状，。

   c. 现在的阵列是什么形状？_____

单位的故事   第10课课堂反馈条   2•6

姓名 _____   日期 _____

在此作业表上,使用方块构建以下阵列,作业表上无间隙或重叠。编写一个重复加法方程以匹配你的构造。

1. a. 构造一个2行5块的矩形。

   b. 写下重复加法方程式。_____

2. a. 构造一个5列每列2块的矩形。

   b. 写下重复加法方程式。_____

第10课: 用方块组成一个矩形,并与阵列模型相关联。

泰烤了两平底锅布朗尼蛋糕。在第一盘中,他切割成2行,每行8块。在第二盘中,他切割成4行,每行4块。

a. 画一张泰的布朗尼锅的图片。

b. 编写一个重复加法方程以显示每个锅中巧克力蛋糕的总数。

c. 泰一共烤了几块巧克力蛋糕？写一个方程和一个陈述以显示你的答案。

姓名 _____ 日期 _____

使用方块构造以下没有间隙或重叠的阵列。编写一个重复加法方程以匹配每个构造。

1. a. 每行放置8个方块。

   b. 用8个方块构造一个阵列。

   c. 编写一个重复加法方程以匹配新的阵列。

   _____

2. a. 构造一个具有12个正方形的阵列。

   b. 编写一个重复加法方程以匹配阵列。

   _____

   c. 将12个正方形重新排列为一个不同的阵列。

   d. 编写一个重复加法方程以匹配新的阵列。

   _____

第11课: 用方块组成一个矩形,并与阵列模型相关联。

3. a. 构造一个具有20个正方形的阵列。

   b. 编写一个重复加法方程以匹配阵列。

      _____

   c. 将20个正方形重新排列为一个不同的阵列。

   d. 编写一个重复加法方程以匹配新的阵列。

      _____

4. 用6个正方形构造2个阵列。

   a. 2行 _____ = _____

   b. 3行 _____ = 2行 _____

5. 构造2个10个正方形的阵列。

   a. 2行 _____ = _____

   b. 5行 _____ = 2行 _____

姓名 _____   日期 _____

a. 构造一个包含12个方块的阵列。

b. 编写一个重复加法方程以匹配阵列。

   _____

单位的故事　　　　　　　　　　　　　　　　　　　　第 12 课应用题　2•6

露露制作了一锅布朗尼蛋糕。她把它们切成3行3列。

a. 绘制一幅露露平底锅的布朗尼蛋糕图片。

b. 写一个数字算式以显示露露有多少巧克力蛋糕。

第 12 课：　　使用数学图形以组成具有方块的矩形。

c. 写下有关露露布朗尼蛋糕的陈述。

扩展： 如果露露想平等地分享给12个人，应该如何切割布朗尼蛋糕？16人？20人？

_____

_____

_____

姓名 _____ 日期 _____

1. 在不使用方块的情况下进行绘制,以形成具有2行5个的阵列。

2排5个 = _____

____ + ____ = ____

2. 在不使用方块的情况下进行绘制,以形成具有4列3个的阵列。

4列3个 = _____

____ + ____ + ____ + ____ = ____

第 12 课: 使用数学图形以组成具有方块的矩形。

3. 无间隙或重叠地完成以下阵列。已为你绘制了第一个方块。

   a. 3行4个

   b. 5列3个

   c. 5列4个

姓名 _____ 日期 _____

绘制一个3列3个的阵列，从以下正方形开始，无间隙或重叠。

☐

艾莉烤了一个方形平底锅的柠檬棒,将其切成九等份。她的兄弟们吃了她请客的1行。然后,她妈妈吃了1列。

a. 在吃掉任何东西之前先画一张艾莉的柠檬条图片。写一个数字算式以显示如何求出总数。

b. 在她的兄弟们吃的柠檬棒上写下X。写一个新的数字算式以显示还剩下多少。

c. 通过她妈妈吃的柠檬棒划一条线。写一个新的数字算式以显示还剩下多少。

d. 还剩下几根柠檬棒？写一个陈述。

_____

_____

_____

单位的故事　　　　　　　　　　　　　　　　　　　　　　　　第 13 课 习题集　2•6

姓名 _____　　日期 _____

使用方块以完成每道习题的步骤。

习题1

　　步骤1：构造一个4列3个的矩形。

　　步骤2：分割2列3个。

　　步骤3：写一个数字键以显示整体和两个部分。然后，写一个重复加法算式以匹配数字键的每个部分。

习题2

　　步骤1：构建一个5行2个的矩形。

　　步骤2：分割2行2个。

　　步骤3：写一个数字键以显示整体和两个部分。写下重复加法句以匹配数字键的每个部分。

习题3

　　步骤1：构造一个5列3个的矩形。

　　步骤2：分割3列3个。

　　步骤3：写一个数字键以显示整体和两个部分。写下重复加法句以匹配数字键的每个部分。

第 13 课：　　使用方块以分解矩形。　　　　　　　　　　　　　　　　　　　　75

4. 使用12个方块构造一个3行的矩形。

   a. _____ 行 _____ = 12

   b. 删除1行。现在有多少个正方形？_____

   c. 从在4(b)中制作的新矩形中删除1列。现在有多少个正方形？_____

5. 使用20个方块构造一个矩形。

   a. _____ 行 _____ = _____

   b. 删除1行。现在有多少个正方形？_____

   c. 从你在5(b)中制作的新矩形中删除1列。现在有多少个正方形？_____

6. 使用16个方块构造一个矩形。

   a. _____ 行 _____ = _____

   b. 删除1行。现在有多少个正方形？_____

   c. 从你在6(b)中制作的新矩形中删除1列。现在有多少个正方形？_____

姓名 _____ 日期 _____

使用方块以完成每道习题的步骤。

步骤1：使用3列4个构造一个矩形。

步骤2：分割2列4个。

步骤3：写一个数字键以显示整体和两个部分。写下重复加法句以匹配数字键的每个部分。

姓名 _____ 日期 _____

裁剪矩形A、B和C。然后，根据说明进行裁剪。使用矩形A、B和C回答以下每题。[1]

1. 裁剪矩形A的每一行。

   a. 矩形A有 _____ 行。

   b. 每行有 _____ 个方块。

   c. _____ 行 _____ = _____

   d. 矩形A有 _____ 个方块。

2. 裁剪矩形B的每一列。

   a. 矩形B有 _____ 列。

   b. 每列有 _____ 个方块。

   c. _____ 列 _____ = _____

   d. 矩形B有 _____ 个方块。

---

[1]注意：此习题集与三个相同的2 x 4阵列模板一起使用。这些阵列分别标记为矩形A、B和C。

第14课：使用剪刀将矩形划分为相同大小的正方形，然后用正方形组成阵列。

3. 从矩形A和B中裁剪每个正方形。

   a. 使用所有16个正方形构造一个新的矩形。

   b. 我的矩形有 _____ 行 _____。

   c. 我的矩形也有 _____ 列 _____。

   d. 写下两个重复加法句以匹配你的矩形。

4. 使用矩形A、B和C中的24个正方形构造一个新的阵列。

   a. 我的矩形有 _____ 行 _____。

   b. 我的矩形也有 _____ 列 _____。

   c. 写下两个重复加法句以匹配你的矩形。

扩展：使用矩形A、B和C中的正方形构造另一个阵列。

   a. 我的矩形有 _____ 行 _____。

   b. 我的矩形也有 _____ 列 _____。

   c. 写下两个重复加法句以匹配你的矩形。

姓名 _____   日期 _____

用你的方块显示1个具有12个正方形的矩形。完成下面的句子。

我看到 _____ 行 _____。

在完全相同的矩形中,我看到 _____ 列 _____。

第14课: 使用剪刀将矩形划分为相同大小的正方形,然后用正方形组成阵列。

矩形A

矩形B

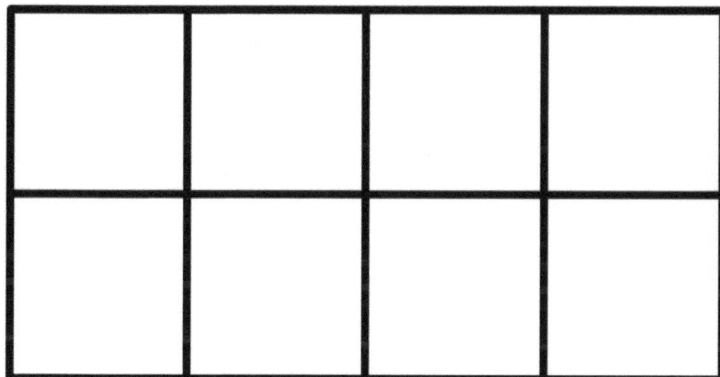

矩形C

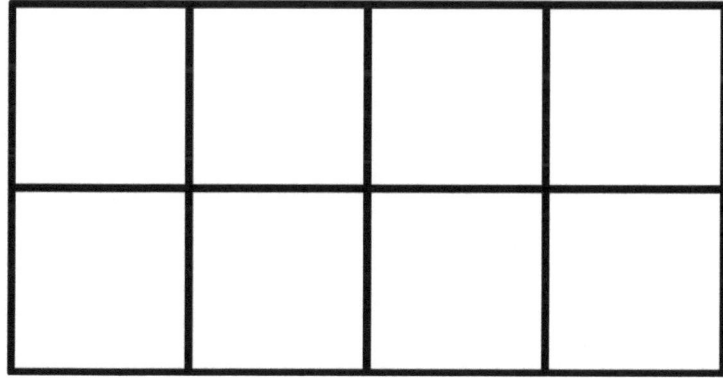

矩形

第14课： 使用剪刀将矩形划分为相同大小的正方形,然后用正方形组成阵列。

R（仔细阅读习题。）

里克正在将面糊填充到松饼平底锅。他填充了2列，每列4个。一列4个为空。

a. 绘制以显示松饼和空白列。

b. 编写一个重复加法方程，以说明里克制作了多少松饼。

W（写一个与故事相符的陈述。）

_____

_____

姓名 _____ 日期 _____

1. 在具有2行3个的阵列中着色。

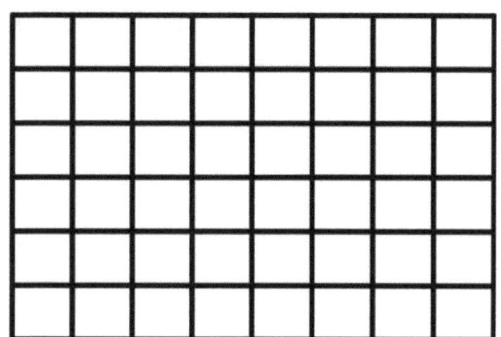

写一个阵列的重复加法方程式。

_____

2. 在具有4行3个的阵列中着色。

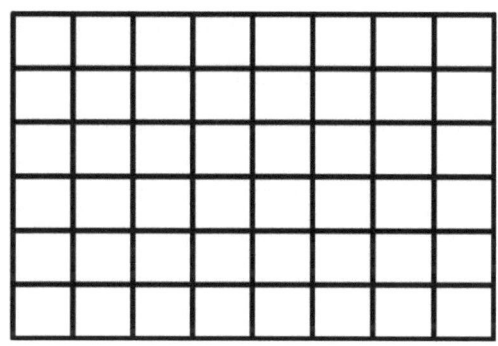

写一个阵列的重复加法方程式。

_____

3. 在5列4个的阵列中着色。

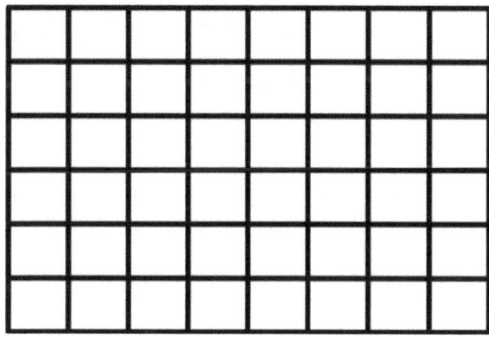

写一个阵列的重复加法方程式。

_____

第15课： 使用数学图形以分割一个具有方块的矩形,然后与重复加法相关联。

4. 再画一列2个以形成一个新的阵列。

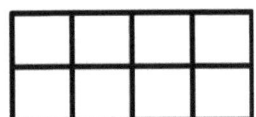

写一个新的阵列的重复加法方程式。

_____

5. 再画一排4个，然后再画一列，以形成一个新的阵列。

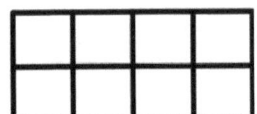

写一个新的阵列的重复加法方程式。

_____

6. 再画一行，然后再画两列，以形成一个新的阵列。

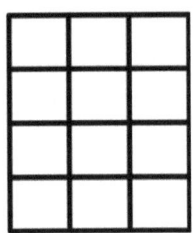

写一个新的阵列的重复加法方程式。

_____

姓名 _____   日期 _____

在具有3行5个的阵列中着色。

写一个阵列的重复加法方程式。

_____

R（仔细阅读习题。）

瑞克又在烤松饼了。他填充了3列3个，而剩下一列3个为空。

a. 绘制图片以显示松饼锅的外观。为瑞克填充的列着色。

b. 编写一个重复加法方程，以说明瑞克制作了多少松饼。然后，写一个重复加法方程式，以说明整个锅中可以容纳多少个松饼。

单位的故事 | 第 16 课应用题 | 2•6

W（写一个与故事相符的陈述。）

_____

_____

_____

姓名 _____ 日期 _____

使用方块和网格纸以完成以下习题。

习题1

  a. 裁剪10个方块。
  b. 将其中一个方块以对角裁剪成两半。
  c. 创建一个设计。
  d. 在网格纸上的设计着色。

习题2

  a. 使用16个方块。
  b. 将其中两个方块以对角裁剪成两半。
  c. 创建一个设计。
  d. 在网格纸上的设计着色。
  e. 与你的伙伴分享你的第二个设计。
  f. 检查彼此的作业以确保其与图块设计匹配。

习题3

  a. 与你的伙伴在新网格纸的角落创建3 x 3的设计。
  b. 与你的伙伴一起复制该设计以填满整个纸张。

姓名 _____   日期 _____

使用方块和网格纸完成以下操作。

a. 使用你在课程中使用的方块创建一个设计。

b. 在网格纸上为设计着色。

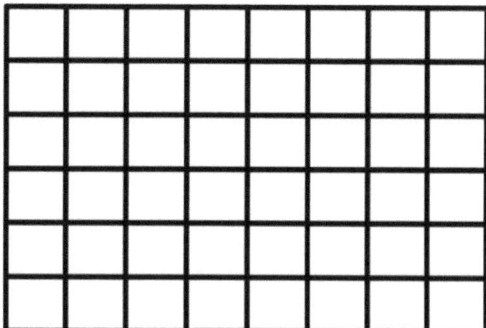

第 16 课： 使用网格纸创建设计以开发空间结构。

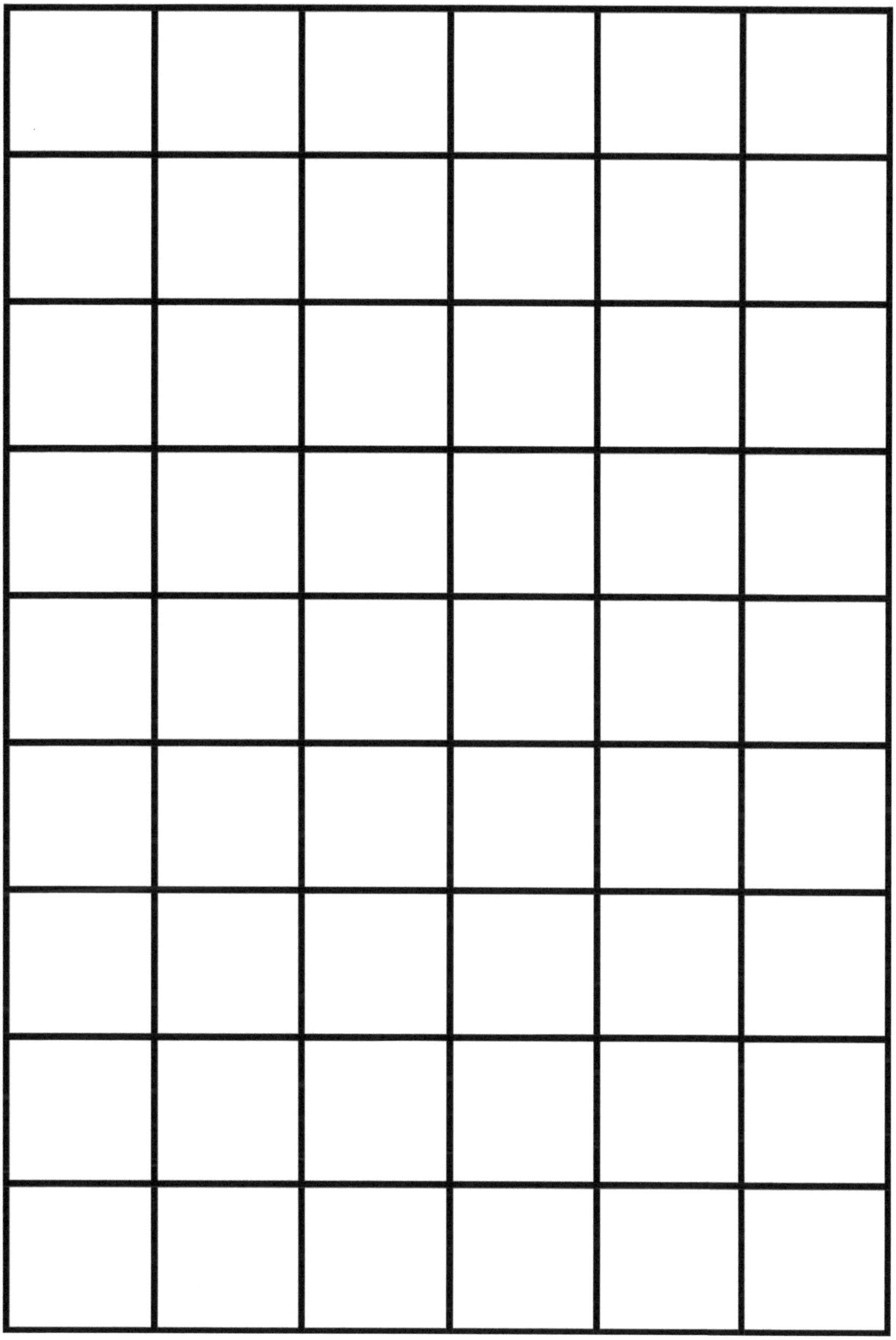

网格纸

第 16 课: 使用网格纸创建设计以开发空间结构。

七个学生坐在午餐桌的一侧。桌子的另一边还有七个学生坐在他们对面。

a. 绘制一个阵列以显示学生。

b. 编写一个与阵列匹配的加法方程。

桌子的两边坐着另外三个学生。

  c. 绘制一个阵列以显示现在有多少学生。

  d. 编写一个与新阵列匹配的加法方程。

姓名 _____   日期 _____

1. 绘制你看到的组的两倍。完成算式，然后写一个加法方程。

a. 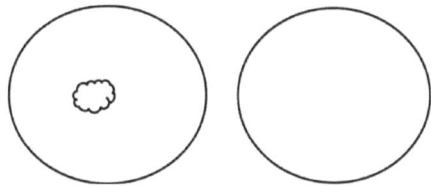   每组有 _____ 朵云彩。

   _____ + _____ = _____

b. 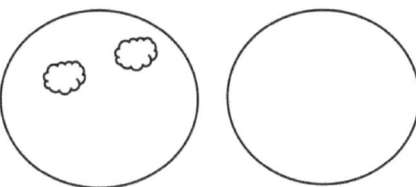   每组有 _____ 朵云彩。

   _____ + _____ = _____

c. 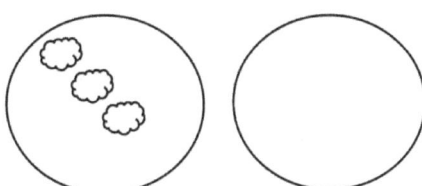   每组有 _____ 朵云彩。

   _____ + _____ = _____

d. 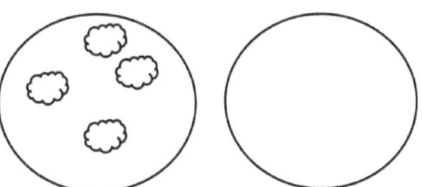   每组有 _____ 朵云彩。

   _____ + _____ = _____

e.    每组有 _____ 朵云彩。

   _____ + _____ = _____

第 17 课： 将双数与偶数相关联，并写出数字算式以表示和。

2. 为每个集合绘制一个阵列。完成算式。已为你绘制了第一个。

   a. **2排6个**

   ●●●●●●
   ●●●●●●

   2排6个 = _____

   _____ + _____ = _____

   6的2倍是 _____。

   b. **2排7个**

   2排7个 = _____

   _____ + _____ = _____

   7的2倍是 _____。

   c. **2排8个**

   2排8个 = _____

   _____ + _____ = _____

   8的2倍是 _____。

   d. **2行9个**

   2行9个 = _____

   _____ + _____ = _____

   9的2倍是 _____。

   e. **2排10个**

   2排10个 = _____

   _____ + _____ = _____

   10的2倍是 _____。

3. 列出习题1的总数。_____

   列出习题2的总数。_____

   你列出的数字是偶数或不是偶数？_____

   说明数字相同和不同的方式。

姓名 _____   日期 _____

为每个集合绘制一个阵列。完成算式。

a. 2排5个

2排5个 = _____

_____ + _____ = _____

第一个圆圈：5的2倍是偶数/不是偶数。

b. 2排3个

2排3个 = _____

_____ + _____ = _____

第一个圆圈：3的2倍是偶数/不是偶数。

第17课：　将双数与偶数相关联，并写出数字算式以表示和。

R（仔细阅读习题。）

鸡蛋每箱12个。使用图片、数字或文字来说明12是否为偶数。

姓名 _____   日期 _____

1. 将对象配对以确定对象数是否为偶数。

   偶数/不是偶数

   偶数/不是偶数

   偶数/不是偶数

2. 绘制以继续在下面的空白处的配对模式,直到绘制完成 10 对。

3. 按照从小到大的顺序写出习题2中每个阵列中的点数。

4. 圈出习题2中具有2列每列7个的阵列。

5. 框出习题2中具有2列每列9个的阵列。

6. 将以下点的集合重新绘制为两列或相等的2行。

a.    b.

有 _____ 个点。　　　　　　　　有 _____ 个点。

是偶数码？_____　　　　　　　是偶数码？_____

7. 圈出两个的组。以二为单位计数，看看对象数是否为偶数。

a. 有 _____ 个二。有 _____ 个剩下。

b. 以二计数以求出总数。

_____, _____, _____, _____, _____, _____, _____, _____, _____

c. 该组的对象数为偶数：对或错

姓名 _____ 日期 _____

将以下点的集合重新绘制为两列或相等的2行。

1.

2.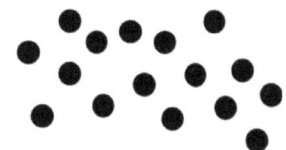

有 _____ 个点。

是偶数码？_____

有 _____ 个点。

是偶数码？_____

R(仔细阅读习题。)

鸡蛋每箱12个。乔安娜的妈妈用了一个鸡蛋。使用图片、数字或文字来说明剩余数量是偶数还是奇数。

第 19 课： 研究个位数偶数的模式：0、2、4、6和8，并与奇数相关联。

姓名 _____   日期 _____

1. 在阵列中跳过列的计数。第一个已经为你完成。

   ○ ○ ○ ○ ○ ○ ○ ○ ○ ○
   ○ ○ ○ ○ ○ ○ ○ ○ ○ ○

   __2__ ___ ___ ___ ___ ___ ___ ___ ___ ___

2. a. 解题。

   1 + 1 = _____

   2 + 2 = _____

   3 + 3 = _____

   4 + 4 = _____

   5 + 5 = _____

   6 + 6 = _____

   7 + 7 = _____

   8 + 8 = _____

   9 + 9 = _____

   10 + 10 = _____

   b. 解释习题1中阵列与习题 2(a)中答案之间的关联。

   _____

   _____

   _____

第 19 课: 研究个位数偶数的模式：0、2、4、6和8，并与奇数相关联。

3. a. 在数字路径上填写缺少的数字。

   20, 22, 24, ____, 28, 30, ____, ____ 36, ____, 40, ____, ____, 46, ____, ____

   b. 在数字路径上填写奇数。

0, ___, 2, ___, 4, ___, 6, ___, 8, ___, 10, ___, 12, ___, 14, ___, 16, ___, 18, ___, 20, ___

4. 写出识别**粗体**数字为偶数还是奇数。第一个已经为你完成。

a. 6 + 1 = 7 偶数 + 1 = 奇数	b. 24 + 1 = 25 ____ + 1 = ____	c. 30 + 1 = 31 ____ + 1 = ____
d. 6 − 1 = 5 ____ − 1 = ____	e. 24 − 1 = 23 ____ − 1 = ____	f. 30 − 1 = 29 ____ − 1 = ____

5. **粗体**数字是偶数还是奇数？圈出答案，并解释你是如何知道的。

a.	**28** 偶数/奇数	说明：
b.	**39** 偶数/奇数	说明：
c.	**45** 偶数/奇数	说明：
d.	**50** 偶数/奇数	说明：

姓名 _____ 日期 _____

粗体数字是偶数还是奇数？圈出答案，并解释你是如何知道的。

a.	**18** 偶数/奇数	说明：
b.	**23** 偶数/奇数	说明：

第 19 课： 研究个位数偶数的模式：0、2、4、6和8，并与奇数相关联。

第20课应用题

R（仔细阅读习题。）

博克瑟夫人在2年级聚会上有11个男孩和9个女孩。

a. 编写方程式以显示总人数。

b. 加数是偶数还是奇数？

c. 博克瑟夫人想配对所有人来参加一场比赛。她有合适的人数让每个人都有伙伴吗？

D（画一幅图片。）
W（编写并求解方程式。）

第20课： 使用矩形阵列来研究奇数和偶数。

单位的故事

W（写一个与故事相符的陈述句。）

_____

_____

_____

第 20 课： 使用矩形阵列来研究奇数和偶数。

单位的故事　　　　　　　　　　　　　　　　　　　　　　　　　第 20 课习题集　2•6

姓名 _____　　日期 _____

1. 使用对象创建一个阵列。

a. (9个圆圈)	阵列 圆圈数为偶数/奇数（第一个圆圈）。	减少1个圆圈重新绘制你的图片。 圆圈数为偶数/奇数（第一个圆圈）。
b. (10个圆圈)	阵列 圆圈数为偶数/奇数（第一个圆圈）。	增加1个圆圈重新绘制你的图片。 圆圈数为偶数/奇数（第一个圆圈）。
c. (13个圆圈)	阵列 圆圈数为偶数/奇数（第一个圆圈）。	减少1个圆圈重新绘制你的图片。 圆圈数为偶数/奇数（第一个圆圈）。

第 20 课：　　使用矩形阵列来研究奇数和偶数。

2. 解题。说明每个数字是奇数(O)还是偶数(E)。第一个已经为你完成。

   a. 6 + 4 = 10
      E + E = E

   b. 17 + 2 = _____
      _____ + _____ = _____

   c. 11 + 13 = _____
      _____ + _____ = _____

   d. 14 + 8 = _____
      _____ + _____ = _____

   e. 3 + 9 = _____
      _____ + _____ = _____

   f. 5 + 14 = _____
      _____ + _____ = _____

3. 针对每种情况编写两个示例。如果答案是偶数或奇数,请写下。第一个已经为你启动。

   a. 将偶数加到偶数。

      32 + 8 = 40 偶数   _____

   b. 将奇数加到偶数。

      _____   _____

   c. 将奇数添加到奇数。

      _____   _____

姓名 _____ 日期 _____

使用对象创建一个阵列。

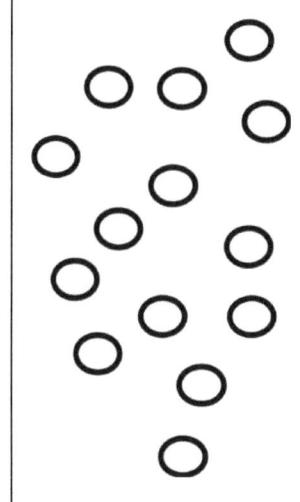	阵列 圆圈数为偶数/奇数 （第一个圆圈）。	减少1个圆圈重新绘制你的图片。 圆圈数为偶数/奇数（第一个圆圈）。

第 20 课: 使用矩形阵列来研究奇数和偶数。

2年级
模块7

R（仔细阅读习题。）

有24只企鹅在冰上滑行。有18头鲸鱼在海洋中戏水。那里的企鹅比鲸鱼多多少只？

D（画一幅图片。）

W（编写并求解方程式。）

W（写一个与故事相符的陈述句。）

姓名 _____ 日期 _____

1. 对每张图片进行计数和分类，使用计数符号填写表格。

没有腿	2条腿	4条腿

2. 对每张图片进行计数和分类，使用数字填写表格。

毛皮	羽毛

第1课: 使用多达四个类别将数据排序并记录到表中；使用类别计数求解文字题。

3. 使用动物栖息地表来解答以下习题。

动物栖息地		
森林	湿地	草原
卌 I	卌	卌 卌 IIII

   a. 草地和湿地上有多少动物栖息地？ _____

   b. 森林栖息地比草原栖息地少多少只动物？ _____

   c. 森林中还需要多少动物才能具有与草原类别中的动物数量相同？ _____

   d. 创建这张表格总共使用了多少动物栖息地？ _____

4. 使用动物分类表来解答以下有关李女士的二年级班级在当地动物园发现的动物种类的习题。

动物分类			
鸟类	鱼类	哺乳类动物	爬行动物
6	5	11	3

a. 有多少种动物是鸟类、鱼类或爬行动物？ _____

b. 那里的鸟类和哺乳动物比鱼类和爬行动物多多少？ _____

c. 分类了几只动物？ _____

d. 图表还需要添加多少只动物才能有35只动物分类？ _____

e. 如果将5只鸟和2只爬行动物添加到表中，则爬行动物会比鸟类少多少？ _____

姓名 _____   日期 _____

使用动物分类表来解答以下有关当地动物园动物类型的习题。

动物分类			
鸟类	鱼类	哺乳类动物	爬行动物
9	4	17	8

1. 有多少种动物是鸟类、鱼类或爬行动物？ _____

2. 那里的哺乳动物比鱼类多出多少？ _____

3. 分类了几只动物？ _____

4. 图表还需要添加多少只动物才能有35只动物分类？ _____

R（仔细阅读习题。）

杰玛在公园里数动物。她数了16只知更鸟，19只鸭子和17只松鼠。杰玛数的知更鸟和鸭子比松鼠多多少？

D（画一幅图片。）

W（编写并求解方程式。）

单位的故事　　　　　　　　　　　　　　　　　　　　　　　第 2 课应用题　2•7

W（写一个与故事相符的陈述句。）

_____

_____

_____

第 2 课：　绘制并标记图表以表示最多四个类别的数据。

姓名 _____ 日期 _____

1. 使用表格提供的数据在下面使用网格纸创建一个图表。
   然后解答习题。

中央公园动物园动物分类			
鸟类	鱼类	哺乳类动物	爬行动物
6	5	11	3

   标题：_____

   a. 哺乳动物比鱼类多多少？_____

   b. 哺乳动物和鱼类比鸟类和爬行动物多多少？_____

   c. 爬行动物比哺乳动物少多少？_____

   图例：_____

   d. 根据数据编写并解答你自己的比较习题。

   题目：_____

   答案：_____

2. 使用下表在提供的空间中创建一个图表。

动物栖息地		
沙漠	苔原	草原
丨丨丨丨丨丨	丨丨丨丨	丨丨丨丨 丨丨丨丨 丨丨丨丨

标题：_____

图例：_____

a. 草原上的动物栖息地比沙漠中的动物栖息地多多少？_____

b. 冻原的动物栖息地比草原和沙漠加起来的少多少？_____

c. 根据数据编写并解答你自己的比较习题。

题目：_____

答案：_____

姓名 _____ 日期 _____

使用表格提供的数据在下面使用网格纸创建一个图表。然后解答习题。

费尔文公园动物园动物分类			
鸟类	鱼类	哺乳类动物	爬行动物
8	4	12	5

a. 哺乳动物比鸟类多多少？ _____

b. 哺乳动物和爬行动物比鸟类和鱼类多多少？ _____

c. 鱼类比鸟类少多少？ _____

标题：_____

图例：_____

单位的故事　　　　　　　　　　　　　　　　　　　　　　　　　　　　　　　第 2 课模板1　2•7

图例：_____

图例：_____

垂直和水平图表

第 2 课：　　绘制并标记图表以表示最多四个类别的数据。

139

单位的故事 第 2 课模板2 2•7

图例: _____

_____
垂直图表

第 2 课: 绘制并标记图表以表示最多四个类别的数据。

141

a. 使用计数符号填写图表。

b. 绘制磁带图以显示何塞比劳拉多读了多少本书。

c. 如果何塞、劳拉和琳达一共读了21本书，琳达读了几本书？

d. 填写统计表和图形。

已读书籍数

何塞	劳拉	琳达
卌 III	卌	

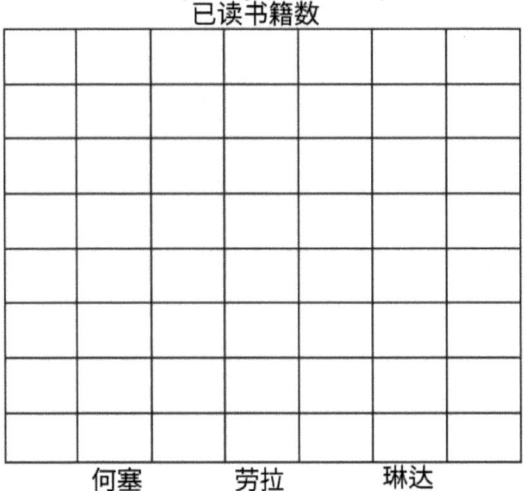

姓名 _____   日期 _____

1. 使用表格中提供的数据填写以下条形图。然后，解答有关数据的习题。

动物分类			
鸟类	鱼类	哺乳类动物	爬行动物
6	5	11	3

标题： _____

0 _ _ _ _ _ _ _ _ _ _ _ _

a. 鸟类比爬行动物多多少？ _____

b. 那里的鸟类和哺乳动物比鱼类和爬行动物多多少？ _____

c. 爬行动物和鱼类比哺乳动物少多少？ _____

d. 根据数据编写并解答你自己的比较习题。

题目：_____

答案：_____

2. 使用表格中提供的数据填写以下条形图。

动物栖息地		
沙漠	北极	草原
𝍦 I	𝍦	𝍦 𝍦 IIII

标题：_____

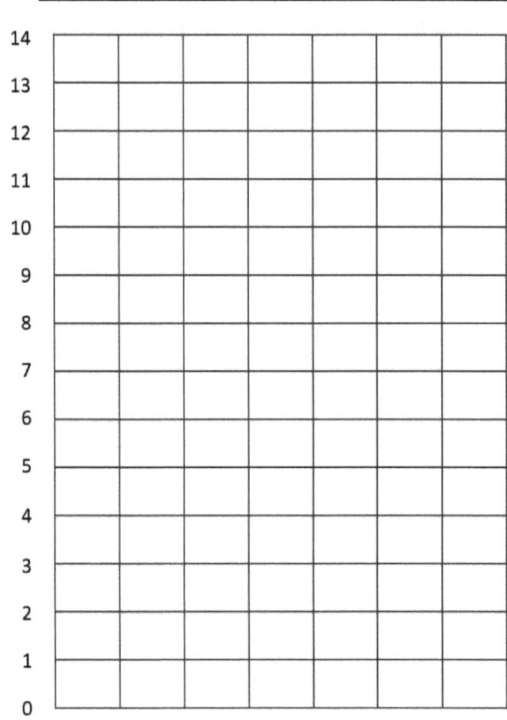

_____ _____ _____

a. 草原和北极栖息地中生活的动物总数比沙漠中多多少？_____

b. 如果将另外3种草原动物和4种北极动物添加到图表中，那么将有多少草原和北极动物？_____

c. 如果从每个类别中删除3种动物，那将会有多少动物？_____

d. 根据数据编写自己的比较习题，然后解答。

题目：_____

答案：_____

单位的故事　　　　　　　　　　　　　　　　　　　　　　　第 3 课课堂反馈条　2•7

姓名 _____　　日期 _____

使用表格中提供的数据填写以下条形图。
然后，解答有关数据的习题。

动物分类			
鸟类	鱼类	哺乳类动物	爬行动物
7	12	8	6

标题：_____

0 _ _ _ _ _ _ _ _ _ _ _

a. 鱼比爬行动物多多少种？ _____

b. 鱼类和哺乳动物比鸟类和爬行动物多多少？ _____

第 3 课：　　绘制并标记条形图以表示数据；将计数刻度与数轴相关联。　　147

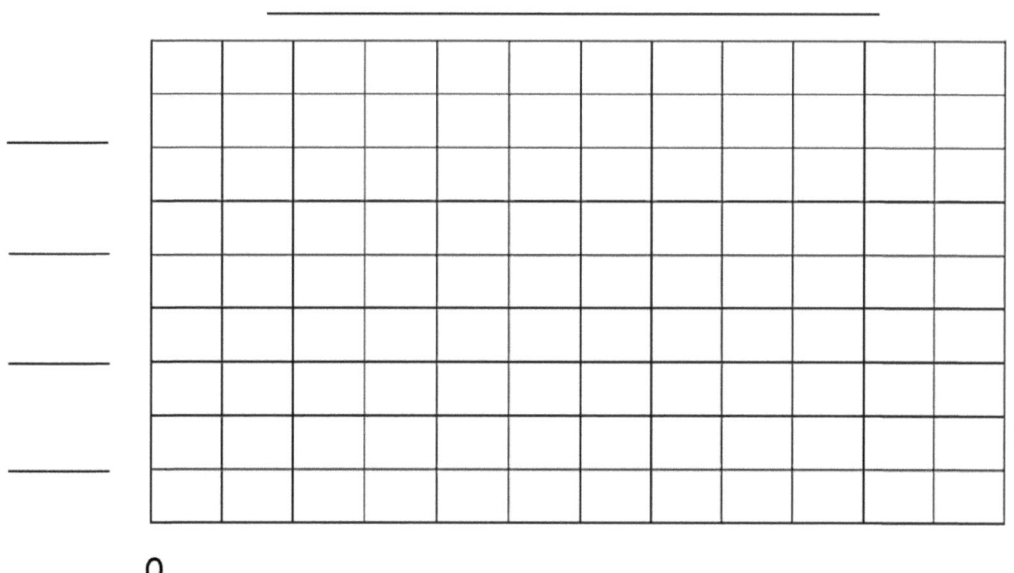

标题：_____

水平和垂直条形图

在去动物园旅行后，安德森女士的学生对自己喜欢的动物进行了投票。使用条形图解答以下习题。

a. 哪种动物得票最少？

b. 哪种动物得票最多？

c. 喜欢科莫多巨蜥的学生比喜欢考拉熊的学生多多少？

d. 后来，两名学生将投票从考拉熊改为雪豹。考拉熊和雪豹有什么区别呢？

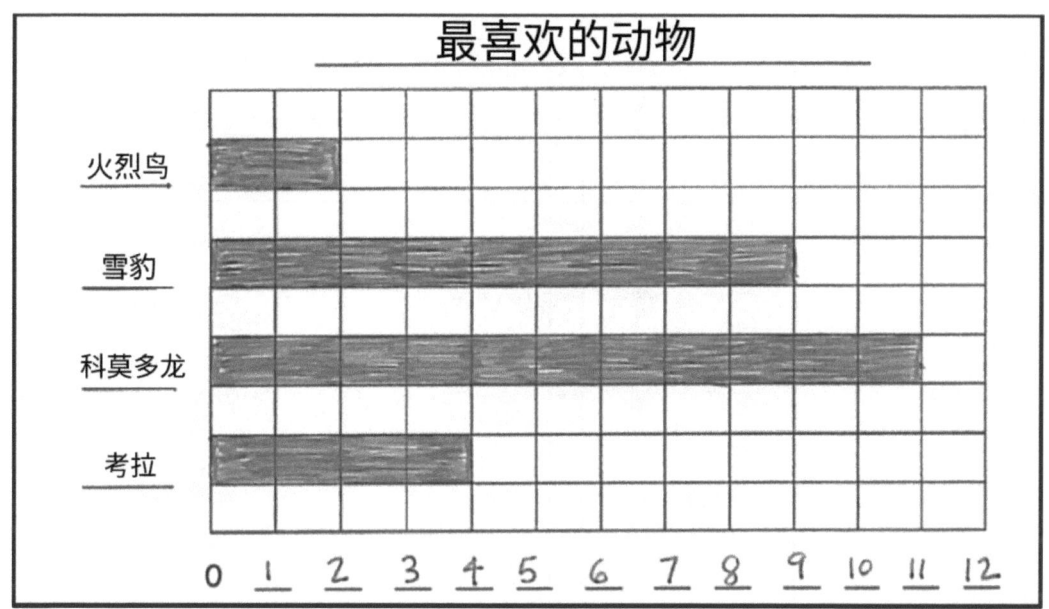

a.

b.

c.

d.

姓名 _____   日期 _____

1. 使用表格完成该条形图，其中包含艾丽西亚在公园中计数的的虫类。然后，解答以下习题。

虫类			
蝴蝶	蜘蛛	蜜蜂	蚱蜢
5	14	12	7

标题：

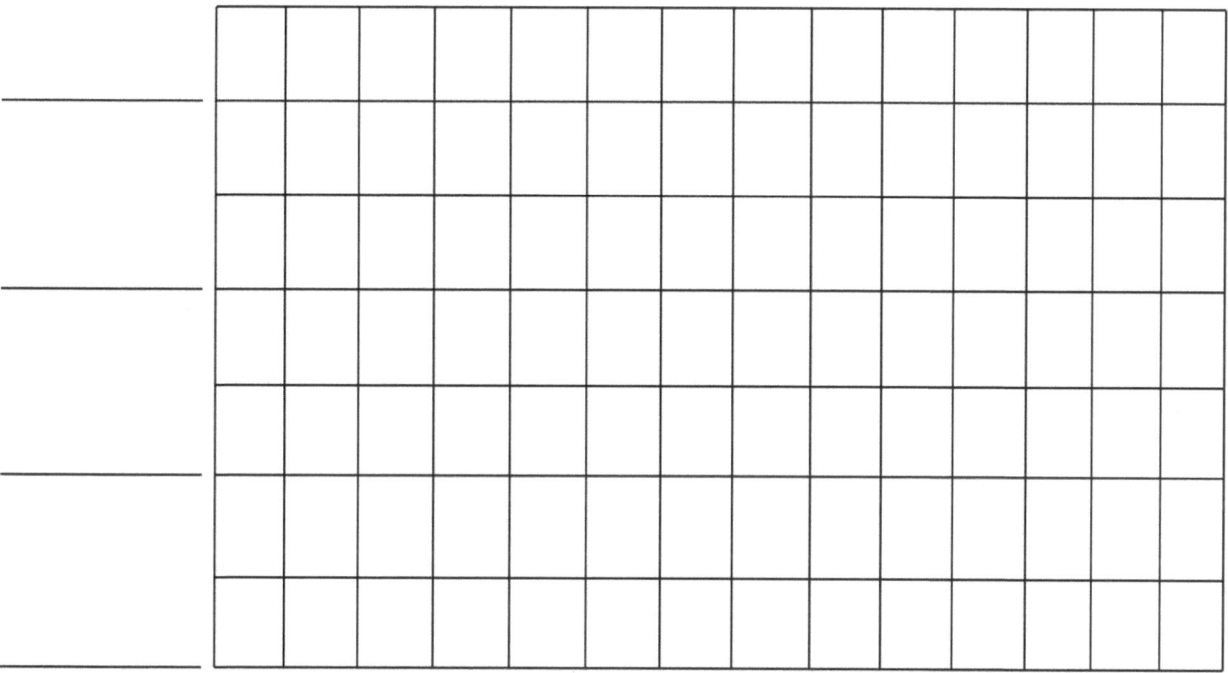

   a. 公园里数了有多少只蝴蝶？_____

   b. 公园里数的蜜蜂比蚱蜢多多少？_____

   c. 哪个虫类的数量是蚱蜢的两倍？_____

   d. 艾丽西娅在公园里数了多少只小虫？_____

   e. 公园里数的蝴蝶比蜜蜂和蚱蜢少多少？_____

2. 使用奥布莱恩农场中的家畜数量，用标记和数字完成条形图。

奥布莱恩农场的家畜			
山羊	猪	奶牛	鸡
13	15	7	8

标题：_____

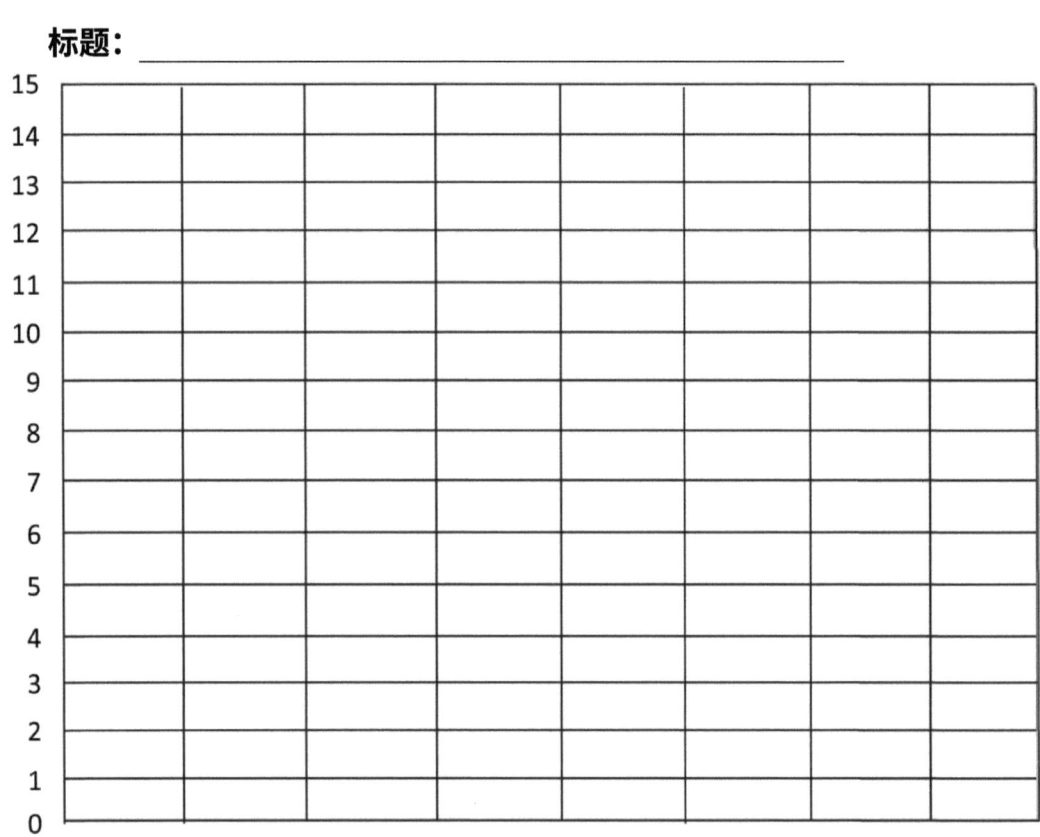

a. 奥布莱恩农场的猪比鸡多多少？ _____

b. 奥布莱恩农场的母牛比山羊少多少？ _____

c. 奥布莱恩农场的鸡比山羊和牛少多少？ _____

d. 编写一个比较习题，可以使用条形图上的数据来解答。

_____

单位的故事

姓名 _____ 日期 _____

使用表格完成该条形图,其中包含杰里米在后院中计数的的虫类。然后,解答以下习题。

虫类			
蝴蝶	蜘蛛	蜜蜂	蚱蜢
4	8	10	9

标题: _____

0 _ _ _ _ _ _ _ _ _ _ _ _ _ _

a. 蜘蛛和蚱蜢比蜜蜂和蝴蝶多多少?

_____

b. 如果再数5只蝴蝶,那么应该算出多少只虫?

_____

第4课: 绘制条形图以表示给定的数据集。

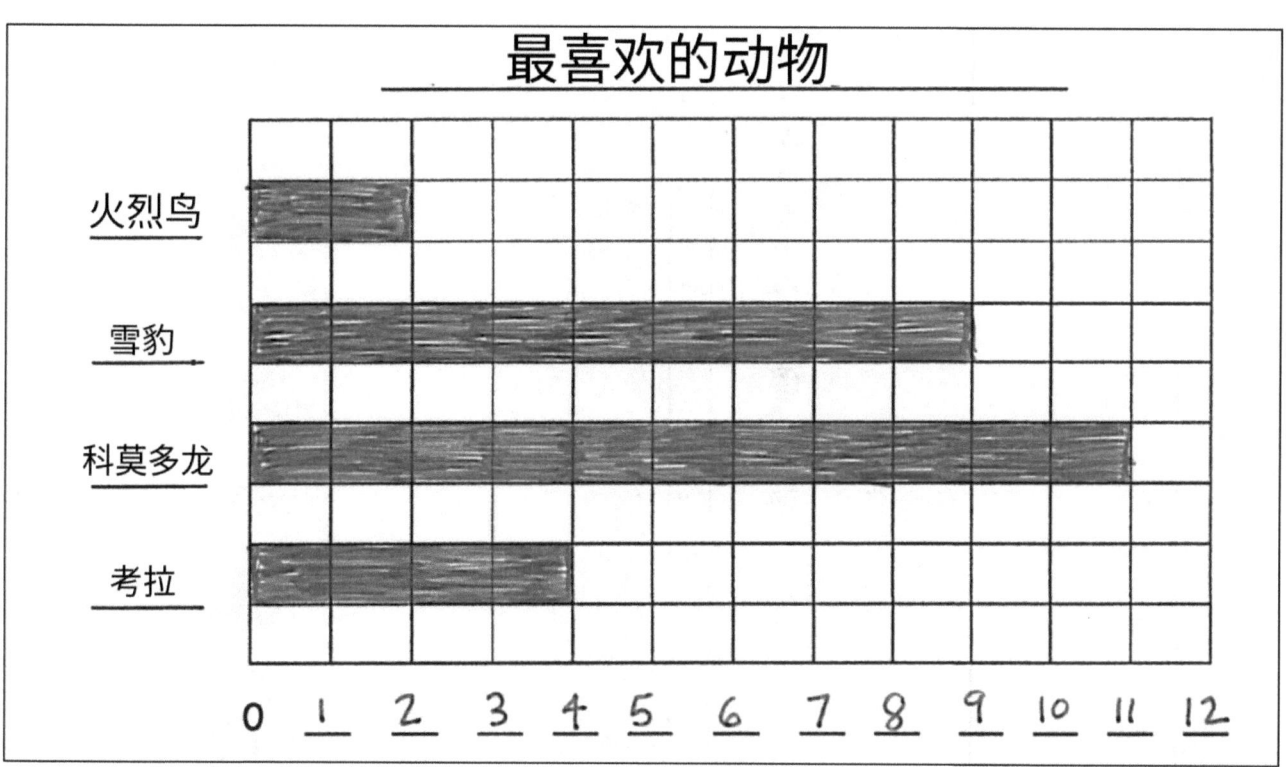

最喜欢的动物条形图

R（仔细阅读习题。）

丽塔比卡洛斯多19便士。丽塔有27便士。卡洛斯有多少便士？

D（画一幅图片。）

W（编写并求解方程式。）

W（写一个与故事相符的陈述句。）

姓名 _____   日期 _____

卡莉斯塔节省了几分钱。使用表格完成条形图。然后,解答以下习题。

节省的便士			
星期六	星期日	星期一	星期二
15	10	4	7

标题: _____

a. 卡莉斯塔总共节省了几便士? _____

b. 她姐姐节省的少18便士。她姐姐节省了几便士? _____

c. 卡里斯塔在星期六比星期一和星期二多节省了多少钱? _____

d. 如果卡里斯塔将周日节省的金额翻倍,数据将如何变化? _____

e. 编写一个比较习题,可以使用条形图上的数据来解答。

_____

姓名 _____ 日期 _____

一群朋友数了他们的五美分镍币。使用表格完成条形图。
然后,解答以下习题。

五分镍币数量			
安妮	斯嘉丽	雷米	拉沙伊
5	11	8	14

标题:_____

0 __ __ __ __ __ __ __ __ __ __ __ __ __

a. 孩子们总共有多少镍币? _____

b. 安妮和雷米的硬币的总价值是多少? _____

c. 雷米比拉沙伊少多少镍币? _____

d. 谁的钱更少?是安妮和斯嘉丽,还是雷米和拉沙伊? _____

e. 编写一个比较习题,可以使用条形图上的数据来解答。

_____

单位的故事　　　　　　　　　　　　　　　　　　　　　　　　　　第5课活动表3　2•7

姓名 _____　　　日期 _____

1. 设计一项调查并收集数据。

2. 标记并填写表格。

3. 使用该表来标记并完成条形图。

4. 根据图表写习题，然后让学生使用自己的图表来解答。

   a. _____
   b. _____
   c. _____
   d. _____

第5课：　　使用条形图中显示的数据来求解文字题。　　　　　　　　　163

姓名 _____   日期 _____

1. 使用表格完成条形图。然后,解答以下习题。

角币数量

艾米莉	安德鲁	托马斯	艾娃
8	12	6	13

标题: _____

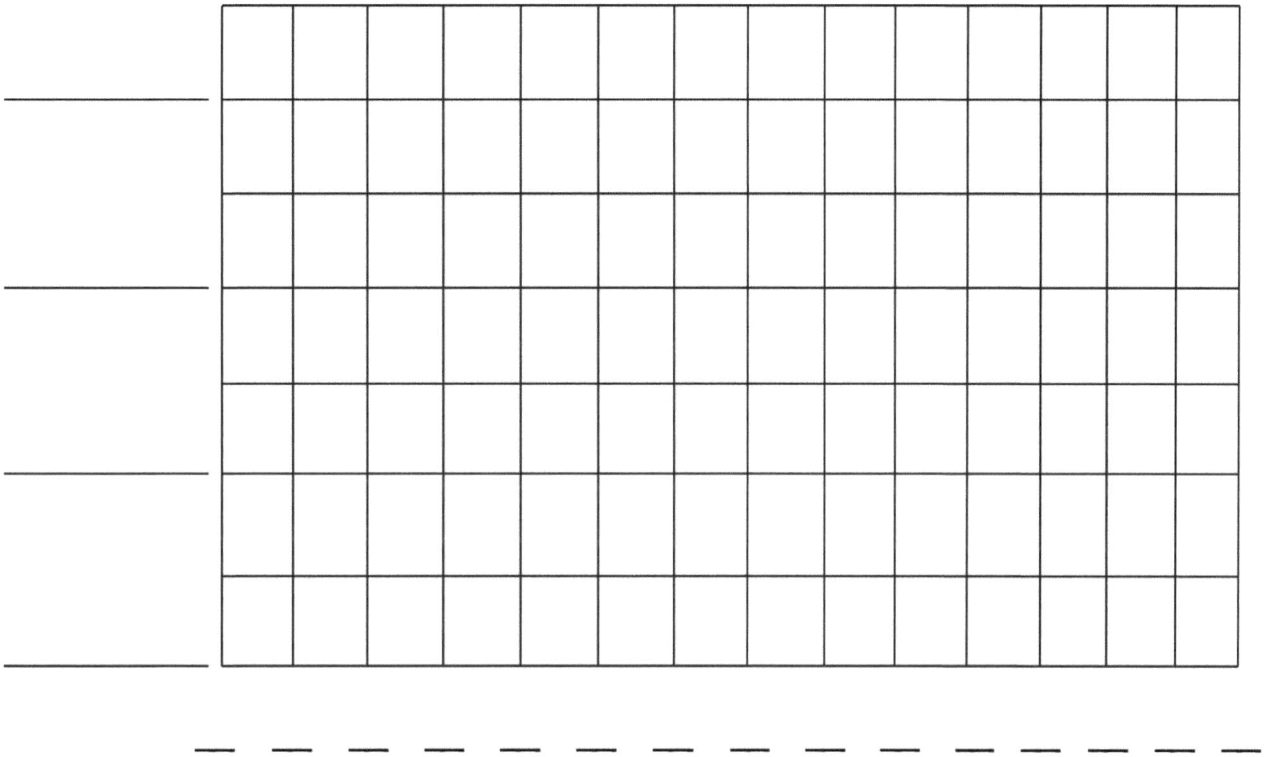

a. 安德鲁比埃米莉的一角硬币多多少? _____

b. 托马斯的一角硬币比艾娃和艾米丽少多少? _____

c. 圈出更多角币的对,埃米莉和艾娃,或安德鲁和托马斯的。还有多少? _____

d. 如果所有学生把自己的钱全部加起来,角币的总数是多少?

_____

第 5 课: 使用条形图中显示的数据来求解文字题。

2. 使用表格完成条形图。然后,解答以下习题。

捐出的角币数

麦迪逊	罗滨	本杰明	米格尔
12	10	15	13

标题：_____

a. 米格尔比罗宾捐赠的角币多多少？ _____

b. 麦迪逊捐赠的角币比罗宾和本杰明少多少？ _____

c. 米格尔还需要捐赠多少角币才能与本杰明和麦迪逊相同？ _____

d. 捐赠了多少角币？ _____

单位的故事

姓名 _____ 日期 _____

使用表格完成条形图。然后，解答以下习题。

角币数量

拉西	山姆	斯蒂芬妮	安伯
6	11	9	14

标题： _____

a. 安伯比斯蒂芬妮的角币多多少？ _____

b. 山姆和拉西要存多少角币才能等于斯蒂芬妮和安伯的角币？

_____

R（仔细阅读习题。）

莎拉在她的存钱罐里存钱。到目前为止，她有3个角币，1个25美分硬币和8个美分硬币。

 a. 莎拉有多少钱？

 b. 她还需要多少钱才能有1美元？

D（画一幅图片。）
W（编写并求解方程式。）

W（写一个与故事相符的陈述句。）

a.

b.

单位的故事　　　　　　　　　　　　　　　　　　　　　　　　　第 6 课习题集　2•7

姓名 _____　　　日期 _____

计数或相加以求出每组硬币的总值。
使用¢或$符号写入值。

1.	五分镍币 + 3个一分币	_____
2.	一角硬币 + 4个一分币	_____
3.	一角硬币 + 3个五分镍币	_____
4.	一角硬币 + 五分镍币 + 4个一分币	_____
5.	2个一角硬币 + 2个五分镍币 + 一分币	_____
6.	25分硬币 + 2个五分镍币 + 一分币	_____
7.	25分硬币 + 2个一角硬币 + 五分镍币 + 2个一分币	_____

第 6 课：　识别硬币的价值并累加以求出其总价值。　　　171

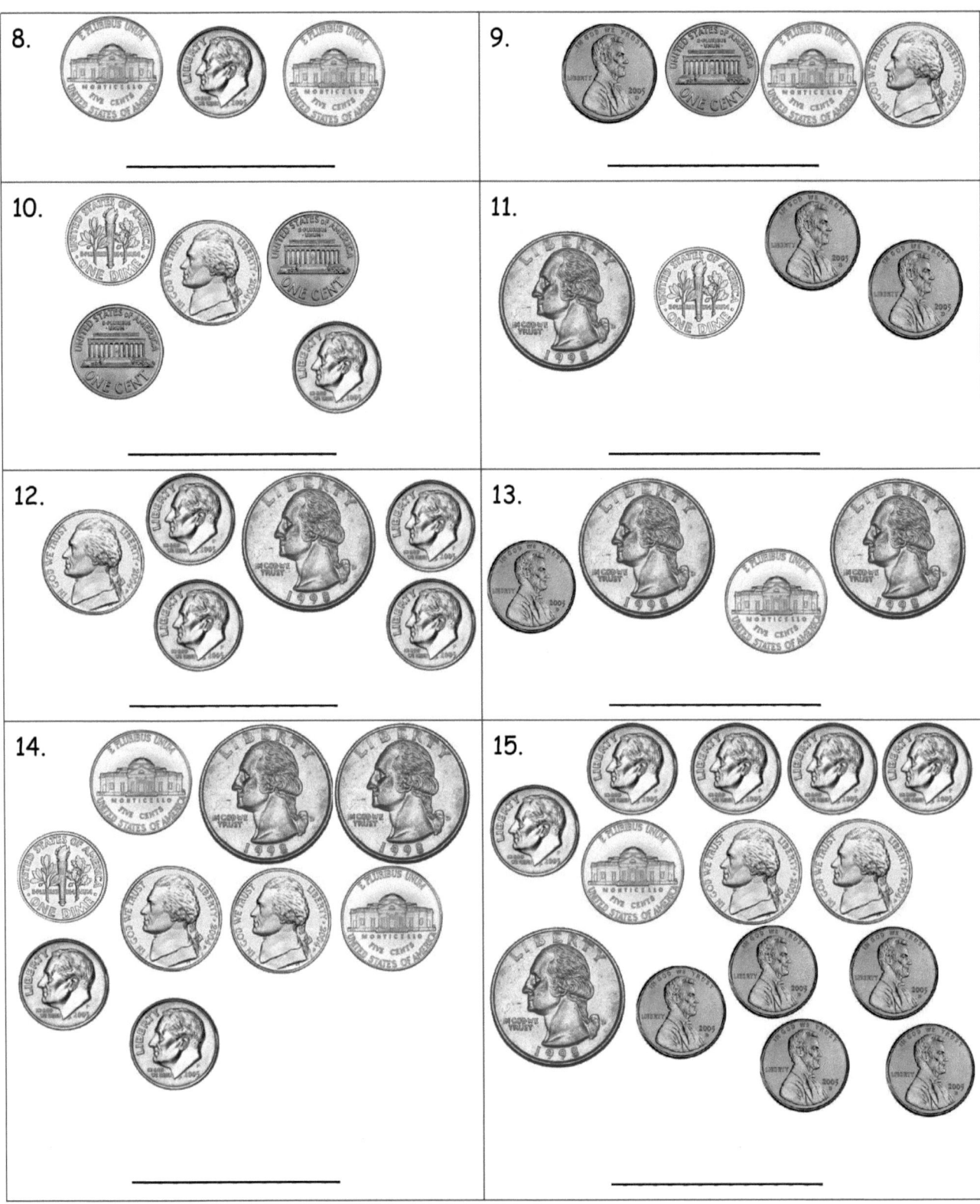

姓名 _____   日期 _____

计数或相加以求出每组硬币的总值。

使用¢或$符号写入值。

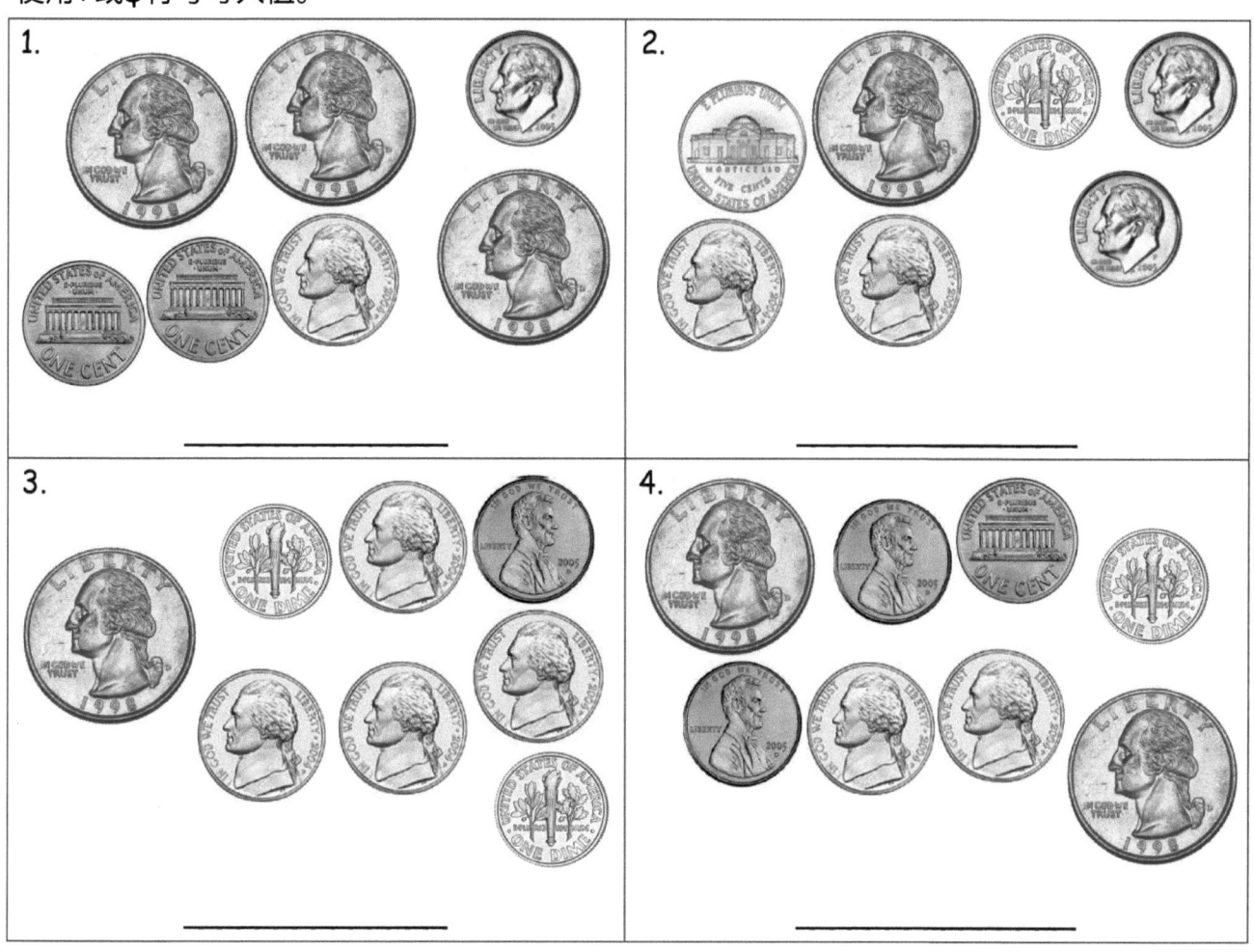

第 7 课应用题 2•7

R（仔细阅读习题。）

丹尼有2个角钱，1个25美分硬币，3个5美分镍币和5个美分。

　　a. 丹尼硬币的总值是多少？

　　b. 显示丹尼可能会相加以求出总数的两种不同的方式。

D（画一幅图片。）

W（编写并求解方程式。）

W（写一个与故事相符的陈述句。）

a. _____

_____

b. _____

_____

姓名 _____   日期 _____

解题。

1. 格雷斯有3个角币，2个5美分镍币和12个美分。她有多少钱？

2. 丽莎一个口袋里有2个角币和4个美分，另一个口袋里有4个5美分镍币和1个25美分硬币。她总共有多少钱？

3. 上周，马马杜在沙发上发现了39美分。本周，他又发现了2个5美分镍币，4个角币和5个美分。马马杜总共有多少钱？

第7课： 求解涉及一组硬币总值的文字题。

4. 伊曼纽尔有53美分。他给了他的弟弟1个角币和1个镍币。伊曼纽尔还剩下多少钱?

5. 办公桌的顶部抽屉有2个25美分硬币和14美分,底部抽屉有7个美分,2个镍币和1个角币。两个抽屉里的钱总价值是多少?

6. 里卡多有3个25美分硬币,1个角币,1个镍币和4个美分。他给朋友68美分。里卡多还剩多少钱?

姓名 _____ 日期 _____

解题。

1. 格雷格口袋里有1个25美分硬币，1个角币和3个镍币。他在人行道上发现了3个镍币。格雷格有多少钱？

2. 罗伯特给了桑德拉1个25美分硬币，5个镍币和2个美分。桑德拉已经有3个美分和2个角币。桑德拉现在有多少钱？

第7课： 求解涉及一组硬币总值的文字题。

第8课应用题

R（仔细阅读习题。）

纪子的哥哥说，他将用她的2个25美分硬币，4个角币和2个镍币换成1美元的钞票。这是公平交易吗？你如何知道？

D（画一幅图片。）

W（编写并求解方程式。）

W（写一个与故事相符的陈述句。）

_____

_____

姓名 _____ 日期 _____

解题。

1. 帕特里克有1张10美元的钞票，2张5美元的钞票和4张1美元的钞票。他有多少钱？

2. 苏珊的钱包里有2张五美元的钞票和3张十美元的钞票，口袋里有11张一美元的钞票。她总共有多少钱？

3. 拉贾有60美元。他给了堂兄1张20美元的钞票和3张5美元的钞票。拉贾还剩下多少钱？

4. 迈克尔有4张10美元的钞票和7张5美元的钞票。与塔玛拉相比，他还有3张10美元的钞票和2张5美元的钞票。塔玛拉有多少钱？

5. 安东尼奥有4张10美元的钞票，5张5美元的钞票和16张1美元的钞票。他将其中的70美元存入了他的银行帐户。他没有存入银行帐户的钱是多少？

6. 克拉克太太的皮夹子里有8张5美元的钞票和2张10美元的钞票。她的钱包里有1张20美元的钞票和12张1美元的钞票。她皮夹子里的钱比钱包里的钱多多少？

单位的故事　　　　　　　　　　　　　　　　　　　　第8课课堂反馈条　2•7

姓名 _____　　日期 _____

解题。

1. 乔希有3张五美元的钞票，2张十美元的钞票和7张一美元的钞票。他给了苏西1张五美元的钞票和2张一美元的钞票。乔希还剩多少钱？

2. 杰里米有3张一美元的钞票和1张五美元的钞票。杰西卡有2张10美元的钞票和2张5美元的钞票。山姆有2张10美元的钞票和4张5美元的钞票。他们一起有多少钱？

第8课：　　求解涉及一组纸币总价值的文字题。

185

第 9 课应用题

R（仔细阅读习题。）

克拉克有3张10美元的钞票和6张5美元的钞票。与香农相比，他多了2张10美元的钞票和2张5美元的钞票。香农有多少钱？

D（画一幅图片。）

W（编写并求解方程式。）

第 9 课： 求解涉及总价值相同但不同硬币组合的文字题。

W（写一个与故事相符的陈述句。）

_____

_____

_____

姓名 _____ 日期 _____

写出获得相同总价值的另外一种方式。

1. 26美分  2个角币 1个镍币 1个美分是26美分。	获得26美分的另一种方法：
2. 35美分  3个角币和1个镍币是35美分。	获得35美分的另一种方法：
3. 55美分  2个25美分和1个镍币是55美分。	获得55美分的另一种方法：
4. 75美分  3个25美分的总价值是75美分。	获得75美分的另一种方法：

第9课： 求解涉及总价值相同但不同硬币组合的文字题。

5. 格雷琴用45美分购买了溜溜球。写出她可以支付的两种硬币组合，等于45美分。

6. 收银员给了约书亚1个25美分硬币，3个角币和1个镍币。写下另外两种等于相同找零金额的硬币组合。

7. 亚历克斯有4个25美分硬币。妮可和迦勒的钱是一样的。写出妮可和迦勒可能拥有的另外两种硬币组合。

姓名 _____ 日期 _____

史密斯的存钱罐里有88美分。写出他可能具有相同金额的其他两种硬币组合。

第9课: 求解涉及总价值相同但不同硬币组合的文字题。

第 10 课应用题

R（仔细阅读习题。）

安德鲁、布雷特和杰伊每人口袋里都有1美元的零钱。他们每人都有不同的硬币组合。每个男孩的口袋里可能装有哪些硬币？

D（画一幅图片。）

W（编写并求解方程式。）

第 10 课： 使用最少数量的硬币以获得给定的值。

W（写一个与故事相符的陈述句。）

_____

_____

_____

姓名 _____ 日期 _____

1. 凯拉以两种方式显示30美分。圈出使用最少硬币的方式。

a.	b.

（a）中的哪两枚硬币换为（b）中的一枚硬币？

_____

2. 以两种方式显示20美分。请使用右侧下方最少的硬币。

	最少的硬币：

3. 以两种方式显示35美分。请使用右侧下方最少的硬币。

	最少的硬币：

第10课： 使用最少数量的硬币以获得给定的值。

4. 以两种方式显示46美分。请使用右侧下方最少的硬币。

	最少的硬币：

5. 以两种方式显示73美分。请使用右侧下方最少的硬币。

	最少的硬币：

6. 以两种方式显示85美分。请使用右侧下方最少的硬币。

	最少的硬币：

7. 凯拉给出了三种得到56美分的方法。圈出正确的方法以获得56美分，并给使用最少硬币的方式加注星号。

   a. 2个25美分硬币和6美分

   b. 5个角币、1个镍币和1个美分

   c. 4个角币、2个镍币和1个美分

8. 写一种使用尽可能少的硬币来获得56美分的方法。

姓名 _____   日期 _____

1. 以两种方式显示36美分。请使用右侧下方最少的硬币。

	最少的硬币:

2. 以两种方式显示74美分。请使用右侧下方最少的硬币。

	最少的硬币:

第10课: 使用最少数量的硬币以获得给定的值。

R（仔细阅读习题。）

特雷西的钱包里有85美分。她有4个硬币。

　a. 它们是哪些硬币？

　b. 如果特雷西想以1美元购买一个弹力球，她还需要多少钱？

D（画一幅图片。）
W（编写并求解方程式。）

第11课： 使用不同的策略获得1美元，或从1美元找零。

W（写一个与故事相符的陈述句。）

a.

b.

姓名 _____ 日期 _____

1. 使用箭头方式计数来完成每个数字算式。然后,使用硬币显示答案正确。

   a. 45¢ + _____ = 100¢

   $45 \xrightarrow{+5} \underline{} \xrightarrow{+} 100$

   b. 15¢ + _____ = 100¢

   c. 57¢ + _____ = 100¢

   d. _____ + 71¢ = 100¢

2. 使用箭头方式和数字键求解。

   a. 79¢ + _____ = 100¢

   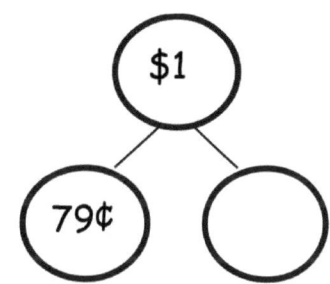

   b. 64¢ + _____ = 100¢

   c. 100¢ - 30¢ = _____

3. 解题。

   a. _____ + 33¢ = 100¢

   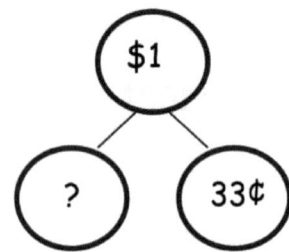

   b. 100¢ - 55¢ = _____

   c. 100¢ - 28¢ = _____

   d. 100¢ - 43¢ = _____

   e. 100¢ - 19¢ = _____

姓名 _____ 日期 _____

解题。

1. 100¢ - 46¢ = _____

2. _____ + 64¢ = 100¢

3. _____ + 13美分 = 100美分

R（仔细阅读习题。）

里奇有24美分。他还需要多少钱才能变成1美元？

D（画一幅图片。）

W（编写并求解方程式。）

W（写一个与故事相符的陈述句。）

_____

_____

姓名 _____ 日期 _____

使用箭头方式、数字键或带形图求解。

1. 杰里米有80美分。他还需要多少钱才能变成1美元?

2. 艾比花了35美分买了一根香蕉。她给收银员1美元。她收到了多少找零?

3. 约瑟夫在游戏厅花了一个美元的75美分。他还剩下多少钱?

4. 伊莉斯想要的记事本售价1美元。她有4个角币和3个镍币。她还需要多少钱才能购买记事本？

5. 戴恩在星期五节省了26美分，在星期一节省了35美分。他要存下1美元，还需要存多少钱？

6. 丹尼尔正好有1美元的零钱。他丢失了6角钱和3美分。他可能剩下了哪些硬币？

姓名 _____ 日期 _____

使用箭头方式、数字键或带形图求解。

雅各布以26美分的价格买了一块口香糖，以61美分的价格买了一张报纸。他给收银员一美元。他拿回了多少零钱？

R（仔细阅读习题。）

但丁在一个罐子里有些钱。他在罐子里放了8个镍币。现在他有100美分。开始时罐子里有多少钱？

D（画一幅图片。）

W（编写并求解方程式。）

W（写一个与故事相符的陈述句。）

_____

_____

_____

姓名 _____   日期 _____

使用带形图和数字算式求解。

1. 约瑟芬有3个镍币,4个角币和12个美分。她妈妈给她一枚硬币。现在约瑟芬有92美分。她妈妈给了她什么硬币?

2. 克里斯托弗有3张10美元的钞票,3张5美元的钞票和12张1美元的钞票。珍妮比克里斯托弗多19美元。珍妮有多少钱?

3. 以赛亚开始时有2张20美元的钞票,4张10美元的钞票,1张5美元的钞票和7张1美元的钞票。他在衣服上花了73美元。他还剩下多少钱?

4. 杰基在商店里花42美元买了一件毛衣。她剩下3张五美元的钞票和6张一美元的钞票。她买毛衣之前有多少钱？

5. 昭男在口袋里发现了18美分。他在另一个口袋里发现了另外6个硬币。他一共有73美分。他在另一个口袋里发现的6个硬币是什么？

6. 玛丽在她的存钱罐中发现了98美分。她数了有1个25美分硬币，8个美分，3个角币和一些镍币。她数了多少镍币？

姓名 _____ 日期 _____

使用带形图和数字算式求解。

加里去商店时带着4张10美元的钞票，3张5美元的钞票和7张1美元的钞票。他花了26美元买了一件毛衣。他给商店的是什么钞票？

弗朗西丝正在她卧室里移动家具。她想将书架移动到床和墙之间的空间，但不确定是否合适。

如果弗朗西斯没有尺子，可以使用什么作为测量工具？她怎么用呢？

使用图片、数字或文字显示你的想法。

单位的故事　　　　　　　　　　　　　　　　　　　　第14课习题集　2•7

姓名 _____　　日期 _____

1. 用英寸方块测量下面的对象。在提供的表中记录测量值。

对象	测量值
一把剪刀	
记号笔	
铅笔	
橡皮	
工作表长度	
工作表宽度	
桌子长度	
桌子宽度	

第14课：　　通过使用要测量的英寸方块的迭代，将测量值与物理单位连接起来。

219

2. 马克和梅利莎都用一英寸方块测量了相同的马克笔,但得出的长度不同。圈出正确的学生作业,并解释为什么选择该解题方法。

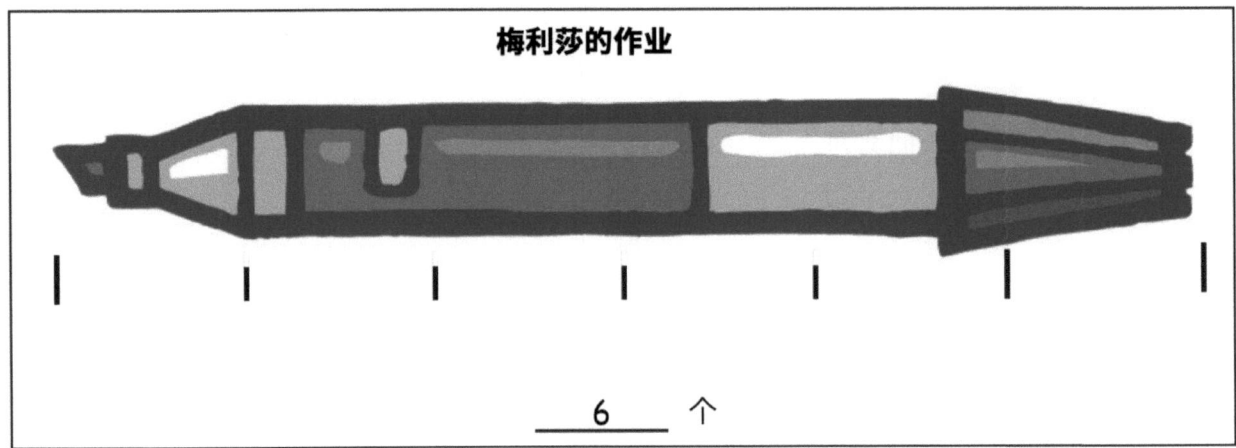

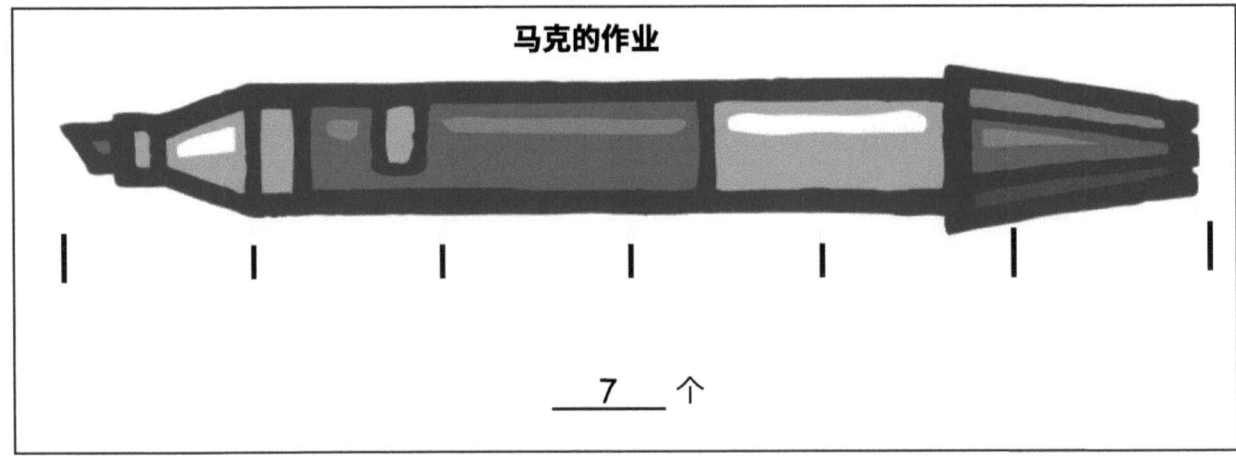

说明:

_____

_____

_____

姓名 _____ 日期 _____

用英寸方块测量下面的线。

A线_____

   A线约 _____ 英寸长。

B线_____

   B线约 _____ 英寸长。

C线_____

   C线约 _____ 英寸长。

第14课： 通过使用要测量的英寸方块的迭代,将测量值与物理单位连接起来。

单位的故事

第15课应用题 2•7

R（仔细阅读习题。）

埃德温和蒂娜拥有相同的玩具卡车。埃德温说他的是4根牙签长。蒂娜说她的是12利马豆长。他们怎么会都对？

用文字或图片来解释埃德温和蒂娜如何都正确。

D（画一幅图片。）

W（编写并求解方程式。）

第15课： 应用概念创建英寸标尺；使用英寸标尺测量长度。

W（写一个与故事相符的陈述句。）

_____

_____

_____

姓名 _____ 日期 _____

使用标尺测量以下对象的长度（以英寸为单位）。使用标尺绘制一条与每个对象长度相同的线。

1. a. 铅笔是 _____ 英寸长。
   b. 画一条与铅笔长度相同的线。

2. a. 橡皮是 _____ 英寸长。
   b. 画一条与橡皮擦长度相同的线。

3. a. 蜡笔是 _____ 英寸长。
   b. 画一条与蜡笔长度相同的线。

4. a. 马克笔是 _____ 英寸长。
   b. 画一条与马克笔长度相同的线。

5. a. 你测量的最长物品是什么？ _____
   b. 最长的物品有多长？ _____ 英寸
   c. 最短的物品有多长？ _____ 英寸
   d. 最长和最短的物品在长度上有什么区别？ _____ 英寸
   e. 画一条与(d)中找到的长度相同的线。

6. 使用尺子测量并标记三角形各边的长度。

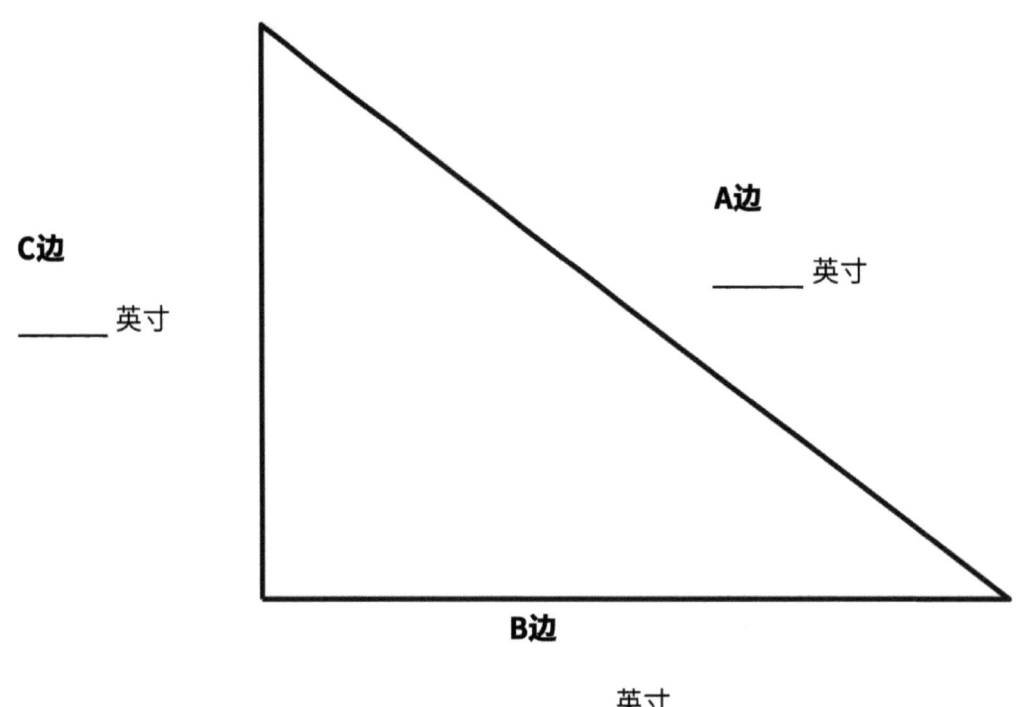

a. 哪个边最短?　　　　A边　　　　B边　　　　C边

b. A边的长度是多少?　_____ 英寸

c. C边和B边加起来长度是多少?　_____ 英寸

d. 最长边和最短边有什么区别?
　　_____英寸

7. 解题。

　a. _____ 英寸 = 1英尺

　b. 5英寸 + _____ 英寸 = 1英尺

　c. _____ 英寸 + 4英寸 = 1英尺

姓名 _____   日期 _____

测量并标记以下形状的各边。

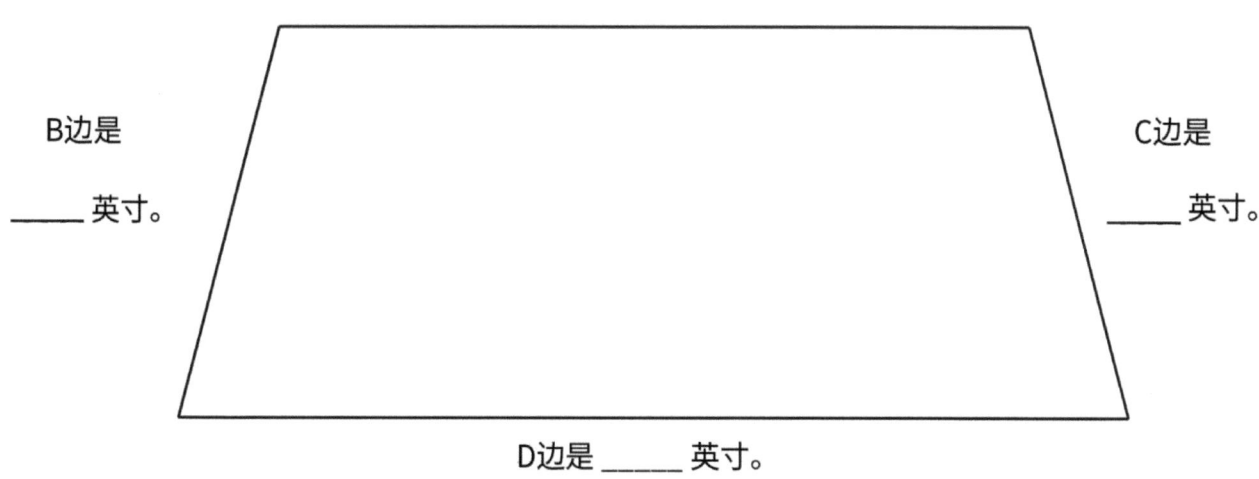

B边和C边的长度之和是多少? _____ 英寸

中心1：测量和比较胫骨长度

选择一个测量单位来测量组中每个人的胫骨。
从脚的顶部到膝盖的底部进行测量。

我选择的测量值使用_____。
将结果记录在下表中。包括单位。

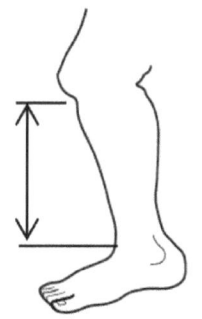

姓名	胫骨长度

最长和最短的胫骨之间的长度有什么区别？写一个数字算式和陈述句以显示两个长度之间的差异。

中心2：将长度与码尺进行比较

使用以下文字填写对每个对象的估算值：大于，小于或长度约等于。然后，用码尺测量每个对象，并将测量值记录在图表上。

1. 一本书的长度是
   _____码尺。

2. 门的高度是
   _____码尺。

3. 学生课桌的长度为
   _____码尺。

对象	测量值
书本长度	
门高	
学生课桌长度	

4个学生课桌堆在一起之间无间隙的长度是多少？使用RDW过程在纸张的背面进行求解。

第16课：使用英寸标尺和码尺测量各种对象。

中心3：选择要测量对象的单位

命名教室中的4个对象。圈选用于测量每个物品的单位,并将测量值记录在图表中。

对象	对象长度
	英寸/英尺/码
	英寸/英尺/码
	英寸/英尺/码
	英寸/英尺/码

比利测量他的铅笔。他告诉老师这是7英尺长。使用纸张的背面来解释你如何知道比利不正确,以及他如何将答案更改为正确的。

中心4：求出基准

环顾房间,为每个基准长度找到2或3个对象。将每个对象写入图表中,并记录准确的长度。

对象约 一英寸	对象约 一英尺	对象约 一码
1. _____英寸	1. _____英寸	1. _____英寸
2. _____英寸	2. _____英寸	2. _____英寸
3. _____英寸	3. _____英寸	3. _____英寸

中心5：选择要测量的工具

圈出用于测量每个对象的工具。然后，测量并在图表中记录长度。圈出单位。

对象	测量工具	测量值
地毯长度	12英寸标尺/码尺	_____ 英寸/英尺
教科书	12英寸标尺/码尺	_____ 英寸/英尺
铅笔	12英寸标尺/码尺	_____ 英寸/英尺
黑板长度	12英寸标尺/码尺	_____ 英寸/英尺
粉色橡皮擦	12英寸标尺/码尺	_____ 英寸/英尺

塞拉的跳绳是6本教科书的长度。在纸张的背面，制作一个带形图以显示塞拉跳绳的长度。然后，使用图表中的教科书尺寸写一个重复加法算式，以求出塞拉跳绳的长度。

姓名 _____   日期 _____

圈出测量每个对象的最好单位。

记号笔	英寸/英尺/码
汽车高度	英寸/英尺/码
生日贺卡	英寸/英尺/码
足球场	英寸/英尺/码
电脑屏幕长度	英寸/英尺/码
双层床的高度	英寸/英尺/码

第 16 课： 使用英寸标尺和码尺测量各种对象。

R（仔细阅读习题。）

本杰明测量他的前臂，记录长度为15英寸。然后，他测量他的上臂，发现它的长度是一样的！

    a. 本杰明的一只胳膊多长？

    b. 本杰明的双臂总长是多少？

D（画一幅图片。）

W（编写并求解方程式。）

w（写一个与故事相符的陈述。）

a.

b.

姓名 _____ 日期 _____

通过使用心算基准来估计每个物品的长度。然后，使用英尺、英寸或码来测量物品。

物品	心算基准	估算值	实际长度
a. 门的宽度			
b. 白板或黑板宽度			
c. 桌子高度			
d. 桌子长度			
e. 读本长度			

物品	心算基准	估算值	实际长度
f. 蜡笔长度			
g. 房间长度			
h. 剪刀长度			
i. 窗户长度			

单位的故事　　　　　　　　　　　　　　　　　　　　第 17 课课堂反馈条　2•7

姓名 _____　　日期 _____

通过使用心算基准来估计每个物品的长度。然后，使用英尺、英寸或码来测量物品。

物品	心算基准	估算值	实际长度
a. 橡皮长度			
b. 纸张长度			

第 17 课： 通过应用长度的已有知识并使用心算基准来制定估算策略。

以斯拉正在他卧室里测量物品。他认为自己的床长约2码。这是一个合理的估计吗？使用图片、文字或数字说明你的答案。

姓名 _____   日期 _____

用英寸和厘米测量线。将测量值四舍五入到最接近的英寸或厘米。

1. _____

   _____ 厘米   _____ 英寸

2. _____

   _____ 厘米   _____ 英寸

3. _____

   _____ 厘米   _____ 英寸

4. _____

   _____ 厘米   _____ 英寸

5. a. 测量上面的线时,你更多使用的是英寸还是厘米?
   _____

   b. 写一个句子来解释为什么你更多地使用该单位。

   _____
   _____

6. 用以下尺寸画线。

   a. 3厘米长

   b. 3英寸长

7. 托马斯和克里斯都测量了下面的蜡笔，但得出了不同的答案。解释为什么两个答案都是正确的。

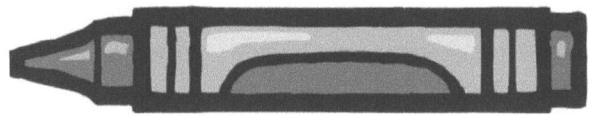

   托马斯：_8_ 厘米

   克里斯：_3_ 英寸

   说明：_____

   _____

   _____

姓名 _____ 日期 _____

用英寸和厘米测量线。将测量值四舍五入到最接近的英寸或厘米。

1. _____

   _____ 厘米   _____ 英寸

2. _____

   _____ 厘米   _____ 英寸

第18课: 使用不同的长度单位测量对象两次并进行比较；将测量值与单位大小相关联。

R（仔细阅读习题。）

凯蒂亚在悬挂装饰灯。灯串长46英尺。

建筑物的墙壁长84英尺。凯迪亚还需要购买多少英尺的灯才能等于墙的长度？

D（画一幅图片。）
W（编写并求解方程式。）

W（写一个与故事相符的陈述句。）

姓名 _____ 日期 _____

以英寸为单位测量每组线,并在该线上写下长度。完成比较算式。

1. A线 _____

   B线 _____

   A线长度约 _____ 英寸。   B线长度约 _____ 英寸。

   A线约比B线长 _____ 英寸。

2. C线 _____

   D线 _____

   C线长约 _____ 英寸。   D线长约 _____ 英寸。

   C线约比D线短 _____ 英寸。

3. 求解以下习题：

   a. 32 英尺 + _____ = 87 英尺

   b. 68 英尺 - 29 英尺 = _____

   c. _____ - 43英尺 = 18英尺

4. 塔米和玛莎都在自己的房屋周围建造了栅栏。塔米的栅栏是 54码长。玛莎的栅栏比塔米的栅栏长29码。

塔米的栅栏	玛莎的栅栏
54码	_____码

   a. 玛莎的栅栏长多少？ _____ 码

   b. 两个栅栏的总长度是多少？ _____ 码

姓名 _____ 日期 _____

以英寸为单位测量线组,并在该线上写下长度。完成比较算式。

A线 _____

B线 _____

A线长度约 _____ 英寸。   B线长度约 _____ 英寸。

A线约比B线**长/短** _____ 英寸。

单位的故事

第 20 课习题集 2•7

姓名 _____   日期 _____

使用带形图来解题。使用符号表示未知数。

1. 拉莫斯先生编织了一条19英寸长的围巾，他想要1码长。他还需要编织围巾多少英寸？

2. 在100码比赛中，杰基跑了76码。她还必须跑多少码？

3. 弗兰基有一根64英寸的绳子，另一根比第一根短18英寸。两条绳索的总长度是多少？

第 20 课： 通过使用带形图和编写方程式来求解涉及长度的两位数加减法文字题，以表示习题。

4. 玛丽亚有96英寸的缎带。她用36英寸包裹一个小礼物，用48英寸包裹一个大礼物。她还剩下多少丝带？

5. 三角形的所有三个边的总长度是96英尺。三角形的两个边长相同。等边之一长40英尺。不等边的长度是多少？

6. 正方形的一边长度为4码。正方形的所有四个边的总长度是多少？

姓名 _____ 日期 _____

使用带形图求解。使用符号表示未知数。

贾丝明的跳绳长84英寸。玛丽的跳绳比贾丝明的短13英寸。玛丽的跳绳长度是多少？

R（仔细阅读习题。）

要乘坐大型山地过山车，乘客必须至少高44英寸。卡罗琳高57英寸。她比艾迪生高18英寸。艾迪生有多高？艾迪生还必须再长高多少英寸才能乘坐过山车？

D（画一幅图片。）

W（编写并求解方程式。）

第21课： 通过使用数字和参考点之间的距离来识别数轴图上的未知数。

W（写一个与故事相符的陈述句。）

_____

_____

姓名 _____ 日期 _____

求出米尺上每部分由字母标记的点的值。对于每个数字行，一个单位是从一个井号标记到下一个标记的距离。

1.

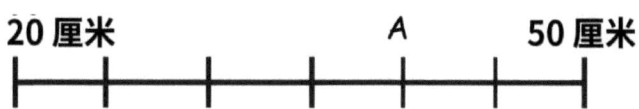

每个单位的长度为 _____ 厘米。

A = _____

2.

每个单位的长度为 _____ 厘米。

B = _____

3.

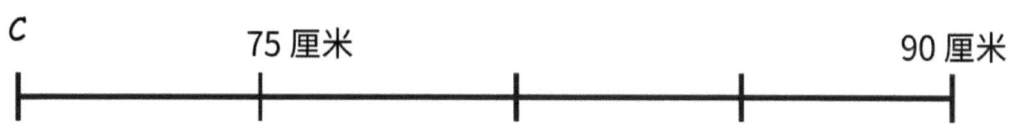

米尺上每个单位的长度为 _____ 厘米。

C = _____

4. 每个井号标记在数字线上代表5个以上。

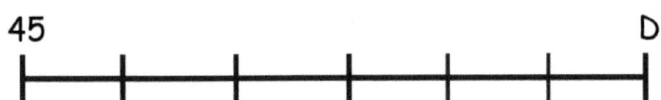

D = _____

两个端点之间的差是多少？_____。

5. 每个井号标记在数字行上代表10个以上。

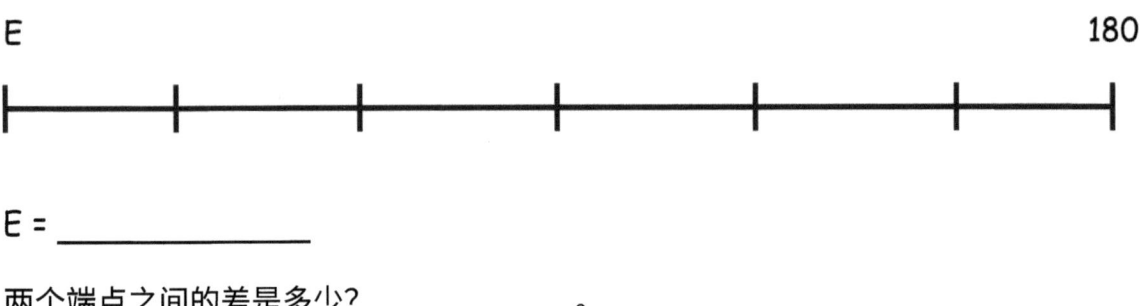

E = _____

两个端点之间的差是多少？_____。

6. 每个井号标记在数字行上代表10个以上。

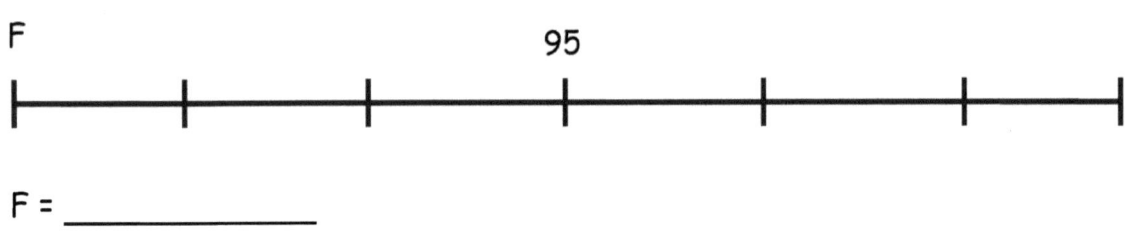

F = _____

两个端点之间的差是多少？_____。

姓名 _____   日期 _____

求出每条数轴上由字母标记的点的值。

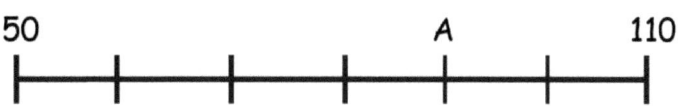

1. 每个单位的长度为 _____ 厘米。

   A = _____

2. 两个端点之间的差是多少？_____．

   B = _____

R（仔细阅读习题。）

丽莎、塞西莉亚和迪伦正在踢足球。丽莎和塞西莉亚相距120英尺。迪伦在他们中间。如果迪伦与两个女孩的距离相同，那么迪伦与丽莎的距离是多少英尺？

D（画一幅图片。）

W（编写并求解方程式。）

W（写一个与故事相符的陈述句。）

_____

_____

姓名 _____ 日期 _____

1. 两个数轴上的每个单位长度均为10厘米。
   （注意：数轴未按比例绘制。）

   a. 在数轴上显示比65厘米大30厘米。

   b. 在数轴上显示比75厘米大20厘米。

   c. 写一个加法算式以匹配每个数轴。

2. 两条数轴上的每个单位长度均为5码。

   a. 在以下数轴上显示比90码小25码。

   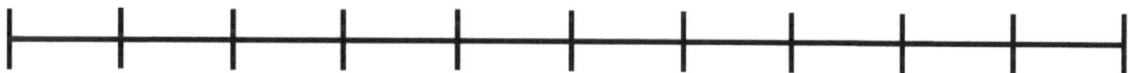

   b. 在数轴上显示比100码小35码。

   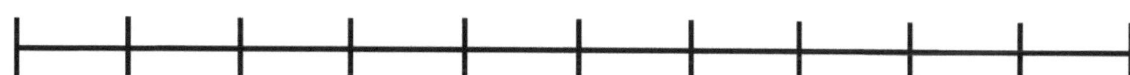

   c. 写一个减法算式以匹配每个数轴。

3. 文森特的米尺在68厘米处切断了。为了测量螺丝刀的长度,他写下"81厘米 - 68厘米"。艾丽西亚说,将螺丝刀移动2厘米以上更容易。艾丽西亚的减法算式是什么?解释为什么她是正确的。

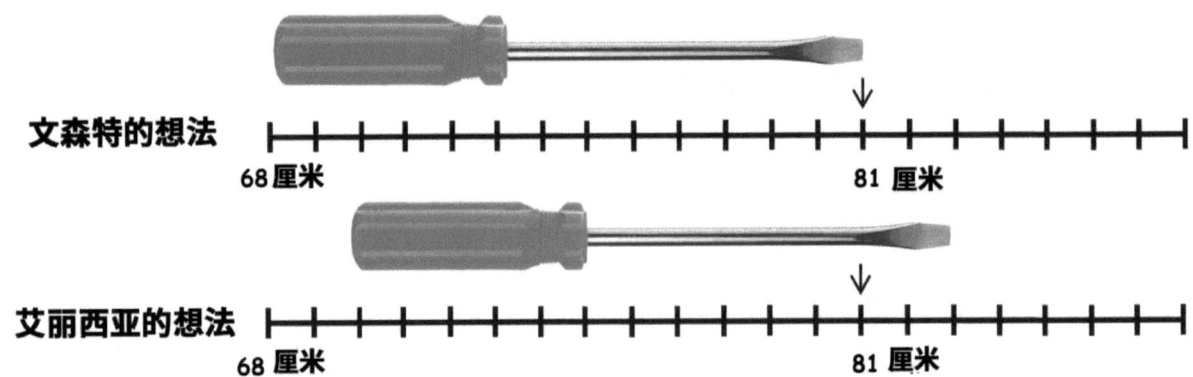

4. 大长笛长71厘米,小长笛长29厘米。它们的长度差是多少?

5. 英格丽德用码尺测量了她花园里蛇的皮肤长28英寸,但并未从零开始测量。她的码尺上蛇皮的两个端点可能是什么?写一个减法算式以匹配你的想法。

单位的故事

姓名 _____ 日期 _____

两个数轴上的每个单位长度均为20厘米。
（注意：数轴未按比例绘制。）

1. 在数轴上显示比25厘米大20厘米。

2. 在数轴上显示比45厘米小40厘米。

3. 写一个加法或减法算式以匹配每个数轴。

数轴 A

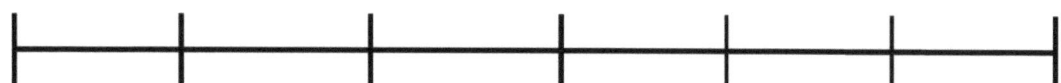

数轴 B

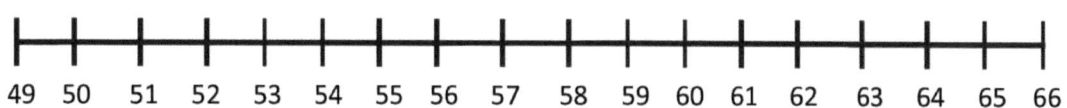

数轴A和B

单位的故事　　　　　　　　　　　　　　　　　　　　　　　　　　　第 23 课应用题　2•7

姓名 _____　　日期 _____

1. 收集并记录组数据。

   在此处写下你老师的手掌距离测量值：_____

   测量你的手掌距离，并在此处记录长度：_____

   测量小组中其他人的手掌距离，然后写
   在这里。我们明天将使用这些数据。

   姓名：　　　　　　　　　　　　　**手掌距离：**

   _____　　_____

   _____　　_____

   _____　　_____

   _____　　_____

   _____　　_____

手掌距离	人数统计
3 英寸	
4 英寸	
5 英寸	
6 英寸	
7 英寸	
8 英寸	

最常见的手掌距离长度是多少？ _____

最不常见的手掌距离长度是多少？ _____

你认为整个班级最常见的手掌
长度是多少？解释为什么。

_____

_____

_____

_____

_____

第 23 课：　　收集测量数据并记录在表格中；答题并汇总数据集。　　　271

2. 记录班级数据。

   使用提供的表格上的计数标记将班级数据记录下来。

手掌距离	人数统计
3英寸	
4英寸	
5英寸	
6英寸	
7英寸	
8英寸	

   最常见的手掌距离长度是多少? _____

   最不常见的手掌距离长度是多少? _____

   提出并解答一个比较习题,可以使用上面的数据来解答。

   题目:_____

   _____

   答案:_____

   _____

单位的故事　　　　　　　　　　　　　　　　　　　　　　　第 23 课习题集　2•7

姓名 _____　　日期 _____

1. 测量以下线条（以英寸为单位）。使用表格提供的计数标记记录数据。

   A线 _____
   B线 _____
   C线 _____
   D线 _____
   E线 _____
   F线 _____
   G线 _____

线长	线数
短于5英寸	
长于5英寸	
等于5英寸	

2. 小于5英寸的线比等于5英寸的线多多少？

   _____

3. 短于5英寸的线的数字和大于5英寸的线的数字的差是多少？ _____

4. 提出并解答一个比较习题，可以使用上面的数据来解答。

   题目：_____

   _____

与学习伙伴交换作业纸。让伙伴在纸张的背面解答习题。

第 23 课：　　收集测量数据并记录在表格中；答题并汇总数据集。

单位的故事　　　　　　　　　　　　　　　　　　　　　　第 23 课课堂反馈条　2•7

姓名 _____　　　日期 _____

1. 下面的线已为你测量。使用表格提供的计数标记记录数据，并解答以下习题。

   A线　5英寸

   B线　6英寸

   C线　4英寸

   D线　6英寸

   E线　3英寸

线长	线数
短于5英寸	
5英寸或更长	

2. 如果再测量8条线的长度大于5英寸，再测量12条线的长度小于5英寸，那么图表中将有多少个计数符？

   _____

第 23 课：　　收集测量数据并记录在表格中；答题并汇总数据集。　　　275

R（仔细阅读习题。）

迈克、丹尼斯和阿普里尔都从停车场收集了硬币。在他们数硬币时，它们有24个美分，15个镍币，7个角币和2个25美分硬币。他们将所有美分放入一个杯子，将其他硬币放入另一个杯子。哪个杯子的硬币更多？多多少？

D（画一幅图片。）

W（编写并求解方程式。）

W（写一个与故事相符的陈述句。）

_____

_____

_____

姓名 _____ 日期 _____

使用表格中的数据以创建线图并答题。

1.

铅笔长度 (英寸)	铅笔数
2	ㅣ
3	ㅣㅣ
4	卌 ㅣ
5	卌 ㅣㅣ
6	卌 ㅣㅣㅣ
7	ㅣㅣㅣㅣ
8	ㅣ

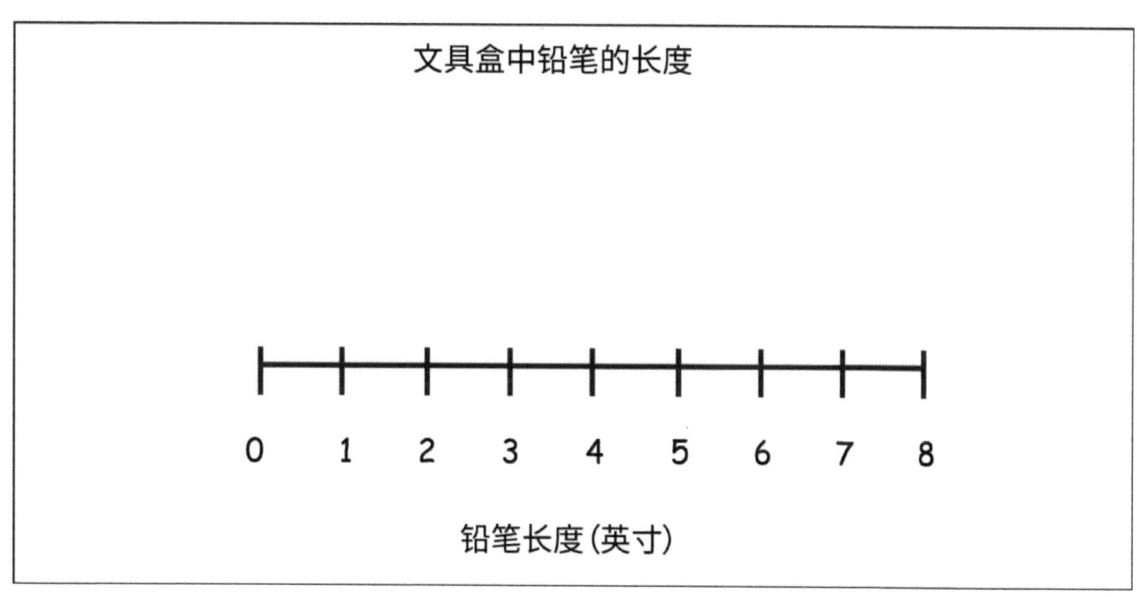

描述你在线图中看到的模式:

_____

_____

第 24 课: 画一条线图代表测量数据；将测量比例与数轴相关联。

2.

丝带废料 长度 (厘米)	丝带废料 数量
14	I
16	III
18	IIII III
20	IIII II
22	IIII

手工艺品箱中的色带碎屑

曲线图

a. 描述你在线图中看到的模式。

_____

_____

b. 18厘米或更长的丝带数量是多少? _____

c. 16厘米或更短的丝带数量是多少? _____

d. 创建与数据相关的自己的比较习题。

_____

_____

姓名 _____ 日期 _____

使用表中的数据创建线图。

分类箱中蜡笔长度

蜡笔长度 (英寸)	蜡笔数量
1				
2	ЖЖ ||||
3	Ж ||
4	Ж

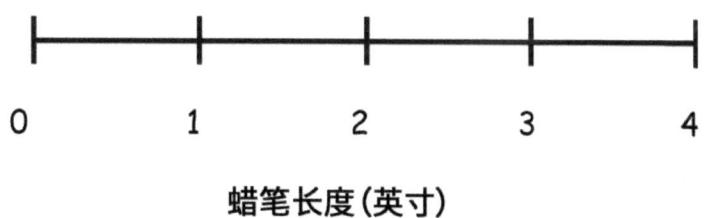

蜡笔长度(英寸)

第25课应用题

R（仔细阅读习题。）

这些是香农集邮中邮票的类型和数量。

她的朋友迈克尔给她一些旗标邮票。
如果他给她的旗标邮票比
生日和动物邮票加在一起少7枚，
她有多少枚旗标邮票？

扩展： 如果旗标邮票每枚值
12美分，香农旗标邮票的总价值是多少？

邮票类型	邮票数量
假日	16
动物	8
生日	9
著名歌手	21

D（画一幅图片。）

W（编写并求解方程式。）

W（写一个与故事相符的陈述句。）

姓名 _____ 日期 _____

使用图表中提供的的数据创建线图并答题。

1. 图表显示了尹先生所在教室二年级学生的身高。

二年级学生 身高	学生人数
40英寸	1
41英寸	2
42英寸	2
43英寸	3
44英寸	4
45英寸	4
46英寸	3
47英寸	2
48英寸	1

标题 _____

曲线图

a. 最高学生和最矮学生的身高差是多少？

b. 有多少个学生身高超过44英寸？低于44英寸？

2. 图表显示了二年级学生用于艺术项目的纸张长度。

纸长	学生人数
3 英尺	2
4 英尺	11
5 英尺	9
6 英尺	6

标题 _____

曲线图

a. 进行了多少艺术项目？ _____

b. 哪种纸张长度最常出现？ _____

c. 如果另外8个学生用了5英尺的纸，而另外6个学生用了6英尺的纸，它将如何改变线条图的外观？

_____

_____

d. 得出关于线图中数据的结论。

_____

_____

姓名 _____ 日期 _____

使用下面的线图答题。

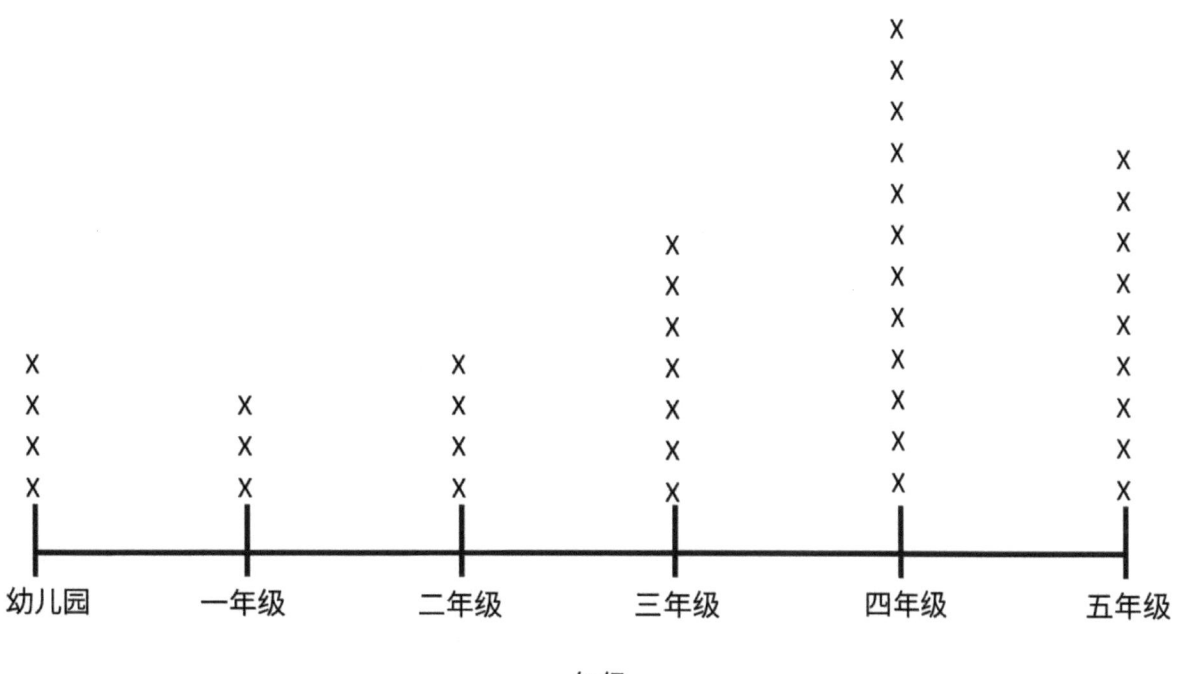

1. 多少学生参加了棒球比赛？_____

2. 参加棒球比赛的一年级学生人数和四年级学生人数之间的差是多少？_____

3. 提出一个可能的解释，说明为什么大多数参加比赛的学生都处于高年级。
_____
_____

R（仔细阅读习题。）

朱迪买了一个MP3播放器和一副耳机。这款耳机的价格为9美元，比MP3播放器便宜48美元。如果朱迪给收银员一张100美元的钞票，她应该找回多少零钱？

D（画一幅图片。）

W（编写并求解方程式。）

W（写一个与故事相符的陈述句。）

_____

_____

_____

姓名 _____ 日期 _____

使用表中提供的数据答题。

1. 下表描述了在篮球比赛中接受调查的篮球运动员和观众成员的身高。

身高 （英寸）	参加者 人数
25	3
50	4
60	1
68	12
74	18

a. 参加篮球比赛接受调查的大多数人有多高？
   _____

b. 60英寸或更高的人有多少？ _____

c. 你对参加篮球比赛的人注意到什么？
   _____

d. 为什么为这些数据创建线图会很困难？
   _____
   _____

e. 对于这些数据，**线图/表格**（第一个圆圈）更易于阅读，因为…
   _____
   _____

使用表格中提供的数据创建线图并答题。

2. 下表描述了里奇夫人教室中铅笔的长度，以厘米为单位。

长度（厘米）	铅笔数
12	1
13	4
14	9
15	10
16	10

a. 测量了几支铅笔？ _____

b. 得出为什么大多数铅笔分别为15和16厘米的结论：

_____

_____

c. 对于这些数据，**线图/表格**（第一个圆圈）更易于阅读，因为…

_____

_____

姓名 _____ 日期 _____

使用表中提供的数据创建线图。

下表描述了足球队二年级学生的身高。

身高(英寸)	学生人数
35	3
36	4
37	7
38	8
39	6
40	5

我们铅笔盒中物品长度	物品数量
6厘米	1
7厘米	2
8厘米	4
9厘米	3
10厘米	6
11厘米	4
13厘米	1
16厘米	3
17厘米	2

五月温度范围	天数
59°	1
60°	3
63°	3
64°	4
65°	7
67°	5
68°	4
69°	3
72°	1

长度和温度表

第 26 课: 画一条线图代表一个给定的数据集;答题并根据测量数据得出结论。

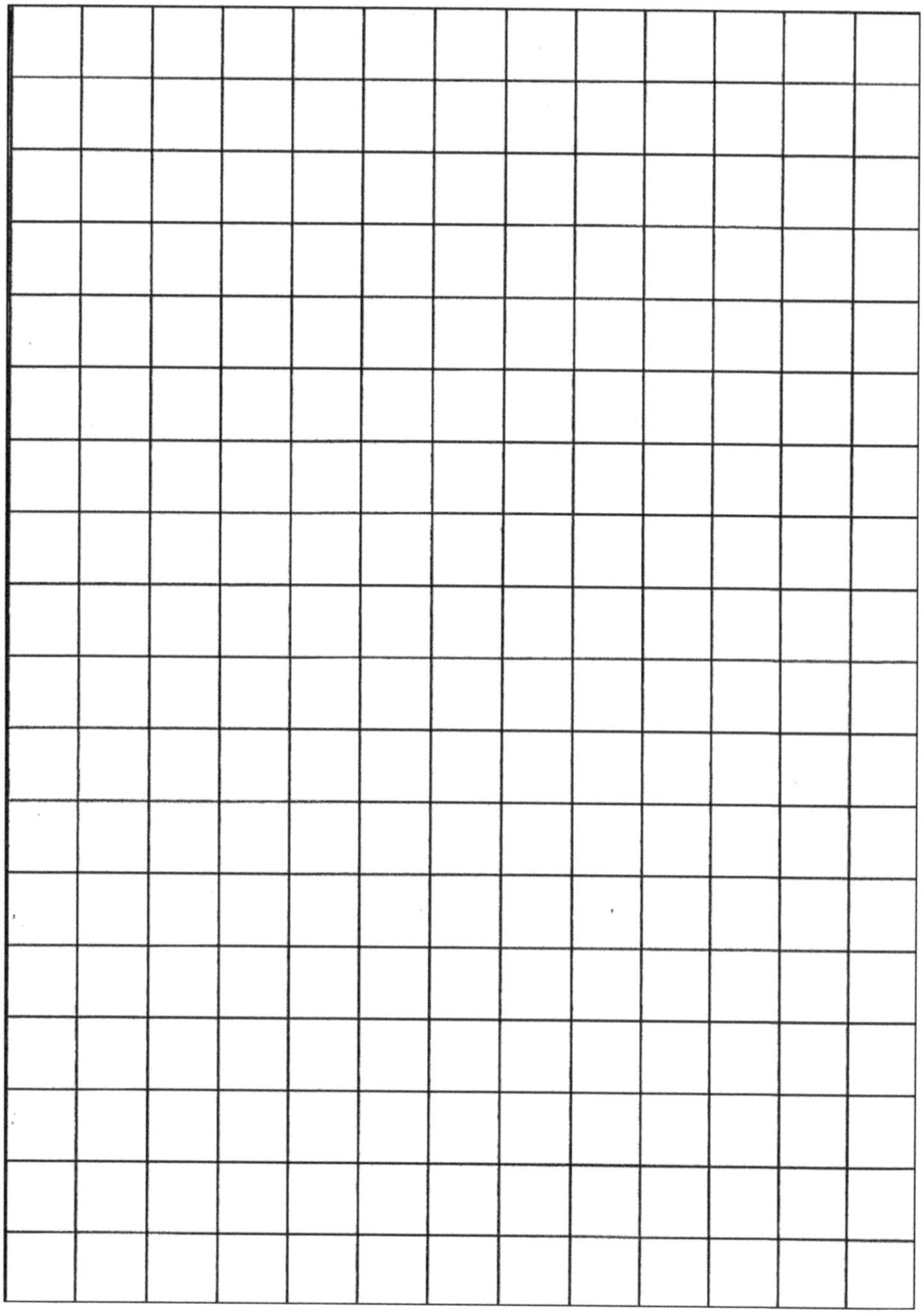

网格纸

第26课: 画一条线图代表一个给定的数据集；答题并根据测量数据得出结论。

温度计

鸣谢

Great Minds®竭尽全力获得转载所有版权教材的许可。如对任何版权材料的拥有人未在此致谢,请联系 Great Minds,以在未来的版本以及本模块的转载中获得正确的致谢。

- 第266页,Joao Virissimo / Shutterstock.com

Printed by Libri Plureos GmbH in Hamburg, Germany